MATEMÁTICAS
EN SEGUNDOS

Título original: *Instant Mathematics*

Producción de la edición española: Fosbury Books
Traducción: Gabriel Montiel (Ingeniero industrial)
Maquetación: Mariano Castro (Diseñador Gráfico)

Distribución exclusiva de la edición española:
Librero IBP S. L.
C/ Paseo de los Olmos, n.º 20
Planta 1.ª, Oficina 7
28005 Madrid, España
info@libreroibp.es

Impreso en Eslovenia

ISBN: 978-94-6359-422-6

MATEMÁTICAS EN SEGUNDOS

PENSADORES, TEORÍAS, DESCUBRIMIENTOS, Y CONCEPTOS EXPLICADOS EN UNA SOLA PÁGINA

PAUL PARSONS AND GAIL DIXON

Librero

CONTENIDOS

ANTIGÜEDAD

IMPERIO ROMANO A EDAD MEDIA

INICIO ERA MODERNA

SIGLO XIX

SIGLO XX EN ADELANTE

INTRODUCCIÓN

Es difícil imaginar un mundo sin matemáticas.
Sin números, sin reglas geométricas, algebraicas, o lógicas,
sin una manera de cuantificar el mundo.

La primera evidencia que tenemos de la comprensión humana de las matemáticas data de hace decenas de miles de años. Es el hueso de Lebombo, llamado así por la cordillera de Lebombo en África, donde un grupo de arqueólogos lo descubrió en la década de 1970. Se trata de un hueso de la parte inferior de la pierna de un babuino. Es especial porque tiene en su longitud veintinueve muescas, que se cree son marcas para contar. El dueño del hueso llevaba la cuenta de algo, tal vez la cantidad de presas, los miembros de un grupo rival, o simplemente el paso de los días.

De acuerdo con las pruebas de radiocarbono, el hueso data de alrededor del año 40 000 A. C., lo que lo hace el artefacto matemático más antiguo del mundo.

Contar es el ejemplo más primitivo de las matemáticas. Y fue algo que los humanos *descubrieron* sobre el mundo, en lugar de inventarlo. El número de manzanas de una cesta obedece las reglas de la aritmética. Así, si agrego una manzana, el número de la cesta aumenta en uno. Esto siempre ha sido así, sin importar si la gente tenía conciencia del hecho o no.

Lo mismo es verdad para la geometría. Alrededor del año 300 A. C., el filósofo griego Euclides escribió su libro *Los Elementos*, en el cual expone los postulados fundamentales que describen la naturaleza de los círculos, las líneas rectas y los ángulos. Se trataba de reglas de lógica y deducción, formuladas para describir el mundo en el que vivimos. Constituyeron un descubrimiento acerca de este mundo, no un invento.

Y sin embargo, en el pasado algunas personas muy inteligentes han tenido la visión opuesta: que las matemáticas no son más que un constructo de la mente humana. "Las matemáticas no estaban ahí hasta que las pusimos ahí", declaró el gran astrónomo inglés del siglo XX Sir Arthur Eddington.

Esto es verdad en algunos casos. Por ejemplo, los "números imaginarios" son una idea diseñada para hacer tangible la aparente imposibilidad de tomar la raíz cuadrada de un número negativo. Elije cualquier número ordinario que desees y elévalo al cuadrado, y la respuesta *siempre* será positiva. Entonces, ¿cómo puedes sacar la raíz cuadrada de algo negativo? Al matemático italiano Rafael Bombelli se le ocurrió la respuesta en el siglo XVI. Al denotar $\sqrt{-1}$ con el símbolo i, pudo expresar raíces cuadradas arbitrarias de números negativos como múltiplos de i, los cuales podían manipularse utilizando las mismas reglas del álgebra que regía a los números ordinarios. Puede sonar ridículo, pero, los números imaginarios son un pilar de la teoría de ondas, la mecánica cuántica y el análisis de datos.

Las demostraciones matemáticas son otro ejemplo de cómo el establecer la validez de una afirmación matemática puede requerir una gran creatividad. Por ejemplo, mira el Último Teorema de Fermat: el concepto de que la ecuación $x^n + y^n = z^n$, donde x, y, z, y n son números enteros, y que no tiene soluciones para $n > 2$. Tomó casi 400 años llegar a una prueba irrefutable de esto, que se logró solo gracias al ingenio por parte del matemático británico Andrew Wiles.

Desde esta perspectiva, los mejores matemáticos son arquitectos con una visión creativa que es al menos igual a su experiencia técnica. Como el mismo Albert Einstein lo expresó: "La lógica te llevará de A a B pero la imaginación te llevará a todas partes". Y las ideas adquiridas a medida que las mentes pioneras trazaban nuevos territorios matemáticos, eran inevitablemente usadas de nuevo para hacer que su comprensión por parte de la humanidad fuera más extensa.

Este libro presenta una guía sencilla sobre lo esencial de las matemáticas modernas. Comenzando con el hueso de Lebombo y avanzando en un (muy aproximado) orden cronológico, presentamos los principios y descubrimientos principales y hablamos en detalle de la vida de quienes los hicieron.

Continuando con la comprensión de los números básicos y la aritmética, los humanos descubrieron los conceptos de la geometría, que abarcaban la trigonometría, el cálculo de áreas y volúmenes, y el teorema de Pitágoras, el cual relaciona las longitudes de los tres lados de un triángulo rectángulo. En siglos recientes, la geometría ha crecido y ahora abarca los espacios curvos y la *topología*, que rige la forma en que los puntos de un espacio se conectan entre sí. Una rosquilla (una superficie con un agujero por el centro) tiene una topología muy diferente a la de una esfera, por ejemplo.

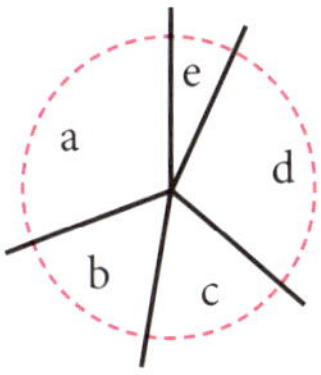

El *álgebra*, que trata sobre la sustitución de cantidades numéricas por símbolos, y su uso para resolver ecuaciones, lo conocían los babilonios desde el 1800 a. C. Los matemáticos en Asia lo perfeccionaron durante la Edad Media en Europa.

En el siglo XVII, los eruditos Isaac Newton y Gottfried Leibniz desarrollaron el cálculo, el cual se usa para deducir la tasa de cambio de un valor numérico, usado en casi todas las ramas de las matemáticas, así como en física teórica.

Aproximadamente al mismo tiempo, un círculo de matemáticos europeos (a quienes, cabe decir, también les gustaba complementar sus ingresos a través de los juegos de azar) estableció los fundamentos de la teoría de las probabilidades: las leyes matemáticas que rigen las probabilidades de eventos aleatorios. A partir de esto creció la estadística: el arte de extraer información de datos en presencia de interferencias aleatorias, convirtiendo las complicadas observaciones del mundo real en conocimiento concluyente y sólido, contra el cual las teorías científicas pueden probarse y mejorarse.

El razonamiento matemático también dio lugar a la informática. El sistema de numeración con el que estamos más familiarizados es el de base 10, construido a partir de los números 0–9. Pero en el siglo II a. C., el matemático indio Pingala fue el primero en contemplar los números binarios o de base 2, construidos a partir tan solo del 0 y el 1. El binario, se convirtió más tarde en el lenguaje de la información. Y en el siglo XIX, el deseo de procesar esta información de manera automatizada condujo a la invención de ordenadores mecánicos. A estos siguieron los mastodontes del tamaño de una habitación, utilizados para descifrar códigos durante la Segunda Guerra Mundial; y más recientemente por esos diminutos pero potentes procesadores de información que nos acompañan a todas partes dentro de nuestros teléfonos móviles.

Los principios matemáticos constituyen nuestro juego de herramientas para entender todo, desde la física cuántica y el nacimiento del universo, hasta el mercado de valores; y trivialidades como la gestión del presupuesto semanal para comestibles. De hecho, como se habrá imaginado el dueño del hueso de Lebombo, vivimos en un mundo fundamentalmente numérico.

CONTAR

Las matemáticas comenzaron con el conteo, el uso más sencillo de los números. Los primeros humanos usaban los dedos, antes de comenzar a hacer marcas y usar símbolos.

35 000 A. C. Se han encontrado huesos de este periodo con marcas de conteo grabadas, posiblemente para registrar el tiempo o indicar números de animales

C.**4000 A. C.** Los sumerios (Mesopotamia) contaban con fichas de arcilla cocida marcadas con símbolos. Se usaban para los registros contables y se colocaban en «sobres» de arcilla para evitar que fuesen aplastadas

C.**3000 A. C.** En Egipto se introduce el codo como medida para construir. Se define como la longitud del brazo, desde el codo hasta las puntas de los dedos.

C. **3000 A. C.** Los egipcios usan el primer sistema base 10 conocido. Los números se representan como jeroglíficos; por ejemplo, el 100 es un rollo de cuerda

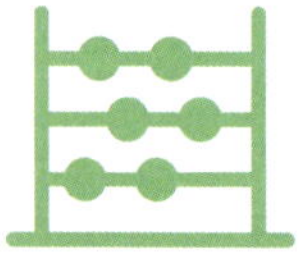

2700 A. C. Los sumerios usan una forma primitiva de ábaco, diseñado conforme a un sistema de cuentas basado en el número 60

C. **900 A. C.** Evidencias del uso de los números romanos (I, V, L, C, D y M) . Eran complicados de manejar por lo que la mayoría de las cuentas se hacían en ábaco.

C. **500** Matemáticos indios crean un sistema donde los números del 1 al 10 se representan con símbolos; precursor del sistema decimal que usamos hoy en día

C. **620** El cero es definido como número por el erudito indio Brahmagupta

C. **Siglo XII** El uso del sistema numérico indoarábigo (números del 1 al 10) se extiende por Europa, popularizado por el matemático italiano Leonardo Fibonacci

Siglos XV al XVI Los números modernos de nuestro sistema decimal son ampliamente usados e incorporados en los comienzos de la composición impresa

ARITMÉTICA

La aritmética, la rama más antigua e importante de las matemáticas, fue desarrollada por los antiguos babilonios para facilitar el comercio, la construcción, y la conservación de registros.

PRIMEROS CONTABLES

A partir de evidencia, es claro que los sumerios de **Mesopotamia** comprendían bien las **cuatro operaciones aritméticas**. Desde alrededor del 4000 a. C. contaban usando **pastillas de arcilla** y **piedras en extensiones de cordón** como cuentas.

MENTES CALCULADORAS

Se han encontrado tablillas babilónicas de unos 2000 años de antigüedad con escritos sobre **aritmética**, **geometría**, y **álgebra**. Estos incluyen **tablas de multiplicación**, **fracciones**, y **ecuaciones de segundo y tercer grado**.

GRIEGOS PRODIGIO

La palabra griega para número es ***arithmós*** y en el 600 a. C. la **escuela pitagórica** estableció a la aritmética como uno de los pilares de las matemáticas. Los **antiguos griegos** elevaron el antiguo estudio de los problemas aritméticos, desarrollando la **geometría** y aplicándola en la **astronomía**, la **ingeniería**, y el **diseño**.

DIVIDIDOS GANAMOS

En **1597**, el matemático inglés **Henry Briggs** expuso el método moderno para la **división larga**, el cual **todavía se enseña en las escuelas en la actualidad**.

MATEMÁTICOS MEDIEVALES

Durante la **Edad Media**, se enseñaba aritmética en las **universidades europeas** como una de las **7 artes liberales**, junto con la **gramática**, la **lógica**, la **retórica**, la **geometría**, la **música**, y la **astronomía**.

SUMADORA

En 1948, **Curt Herzstark** inventó una **calculadora mecánica manual**, la cual fue reemplazada en los 70 por **tecnología digital de bolsillo** inventada en **Japón**. En los exámenes de matemáticas los niños agradecen al cielo este invento.

PAPIRO DE AHMES

Este **pergamino egipcio**, de c.1550 a. C., es uno de los primeros textos matemáticos conocidos. Sus 84 problemas sobre **aritmética**, **geometría** y **volúmenes** ofrecen revelaciones fascinantes sobre sus habilidades numéricas. Se encuentra en el **Museo Británico**.

CUADRADOS MÁGICOS

Esta forma de matemáticas recreativas se remonta a la antigua China y es precursora del Sudoku y el Cubo Rubik. Todas estas son consideradas formas excelentes de «gimnasia cerebral».

8	1	6
3	5	7
4	9	2

Este es un ejemplo de un **cuadrado mágico**, una cuadrícula de números enteros positivos tal que la suma de cada fila, columna y diagonal equivale a la **«constante mágica»**, en este caso, 15.

¡ORDEN!

Un cuadrado mágico con n número de lados se considera de **«orden n».** El ejemplo de arriba es de orden 3. En 1770, el matemático suizo **Leonard Euler** fue el primero en construir un cuadrado de orden 4.

El cuadrado mágico más grande se descubrió en 2012, y es de orden 3559. Medía 20 m impreso.

CUADRADOS SUPERIORES

Euler halló un cuadrado de 4.º orden y cada componente de este, es él mismo, un n.º al cuadrado.

68^2	29^2	41^2	37^2
17^2	31^2	79^2	32^2
59^2	28^2	23^2	61^2
11^2	77^2	8^2	49^2

Hay cuadrados «bi-mágicos», cuadrados mágicos que siguen siéndolo después de que sus números se elevan al cuadrado. Hay también cuadrados «tri-mágicos» (siguen siéndolo después de elevar sus números al cubo), e incluso «cubos mágicos», bloques en 3D de números que sumados deben dar la misma constante mágica en todas las filas, columnas y «pilares», y en las cuatro diagonales.

HORA DE COMPETIR

Todavía de desconoce si algunos tipos de cuadrados mágicos exóticos son posibles o no y se ofrecen precios a quién encuentre soluciones. (Ve www.multimagie.com.)

MISTICISMO MATEMÁTICO

Los estudiosos empezaron a divertirse con cuadrados mágicos hace casi 4800 años en China. Al inicio, se creyó que tenían propiedades místicas. Estos cuadrados indican que experimentaron con la aritmética y entendían que las matemáticas era más que la suma de sus partes. En el cuadrado Lo Shu (der.), los números están dados por la suma de los puntos en cada figura.

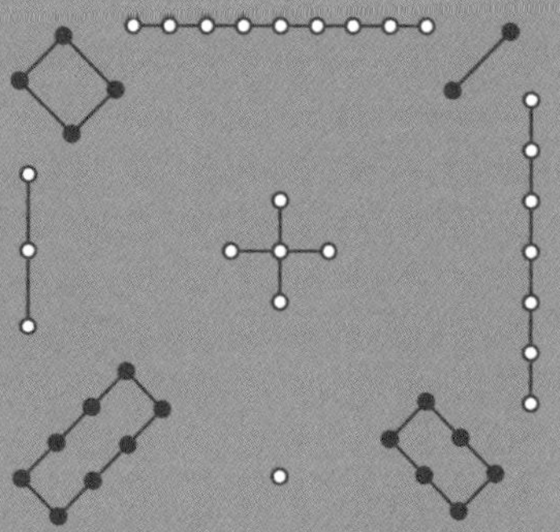

FRACCIONES

Proveniente de la palabra latina fractio, *que significa quebrar, las fracciones son usadas constantemente en la vida cotidiana. Se cree que los antiguos egipcios las inventaron para distribuir los impuestos.*

EXPLICACIÓN DE LAS FRACCIONES

Las fracciones son una manera de **representar porciones de un número entero**. Por ejemplo, z = x/y significa *x* partes de un posible *y*. Si *y* es un múltiplo entero de x, entonces z es un número entero.

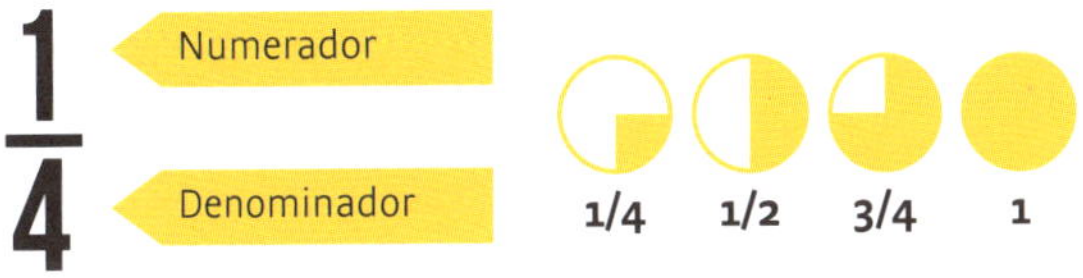

SUMAR Y RESTAR

Sumar o restar fracciones con el **mismo denominador** es fácil. Solo se suman o restan los numeradores de la fila superior, por ejemplo.:
3/5 + 1/5= 4/5

Pero si las fracciones no tienen el mismo denominador, se necesita calcular el **mínimo común denominador**. Por ejemplo, consideremos
1/2 + 1/3 = ?

El mínimo común denominador de 2 y 3 es 6.
6 es múltiplo de 2 y 3, y es su mínimo común denominador. Así, convirtiendo ambas fracciones al mínimo común denominador, obtenemos
1/2 × 3/3 = 3/6
1/3 × 2/2 = 2/6

Ahora se pueden **sumar los numeradores**:
3/6 + 2/6 = 5/6

MULTIPLICAR FRACCIONES

Simplemente **se multiplican los números superiores e inferiores** de la fracción, por ejemplo:
1/2 x 4/5 = 4/10.

Simplificando la fracción, en este caso dividiendo la parte superior e inferior entre 2, nos da 2/5.

DIVIDIR FRACCIONES

Para dividir fracciones, **se invierte la segunda fracción y se multiplican ambas fracciones**, por ejemplo:
1/2 ÷ 1/6 = 1/2 × 6/1.

Simplificando, obtenemos que la respuesta es 3.

DECIMALES Y PORCENTAJES

Las fracciones, los **decimales** y los **porcentajes** son **equivalentes** ...

Fracción	Decimal	Porcentaje
1/2	.50	50%
1/3	.333	33,3%
2/3	.666	66,6%
1/4	.25	25%
3/4	.75	75%
1/5	.20	20%
2/5	.40	40%
3/5	.60	60%
4/5	.80	80%
1/6	.166	16,6%
1/8	.125	12,5%
1/10	.10	10%
1/12	.0833	8,3%

El oro se calcula en **quilates**: 24 quilates es oro puro, 18 quilates es 18/24 (3/4); por lo tanto es 75 % oro.

FRACCIONES EN LA VIDA DIARIA

Cada minuto es una fracción de la hora y usamos los términos «media hora» y «menos cuarto».

En **fotografía**, **la velocidad del obturador** se mide en **fracciones de segundo**.

TRIÁNGULOS

Las leyes matemáticas que gobiernan la geometría de los triángulos fueron formuladas de manera sólida por los antiguos griegos, más notablemente por Euclides.

TIPOS DE TRIÁNGULOS

Equilátero: los tres lados tienen la misma longitud, y por consiguiente, **los tres ángulos deben ser iguales**.

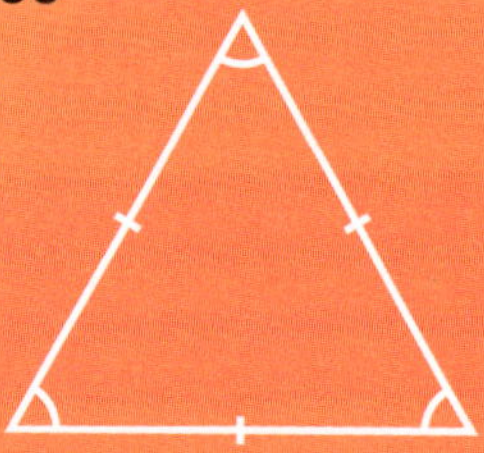

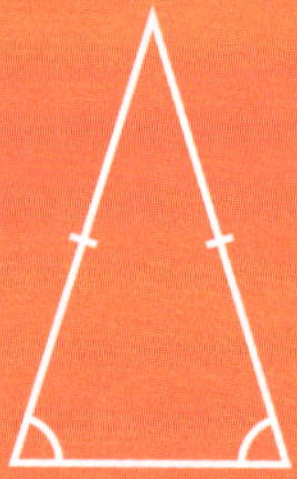

Isósceles: dos lados tienen la misma longitud. Esto significa que **los dos ángulos entre estos y el tercer lado también son iguales**.

Escaleno: los tres lados y ángulos son diferentes.

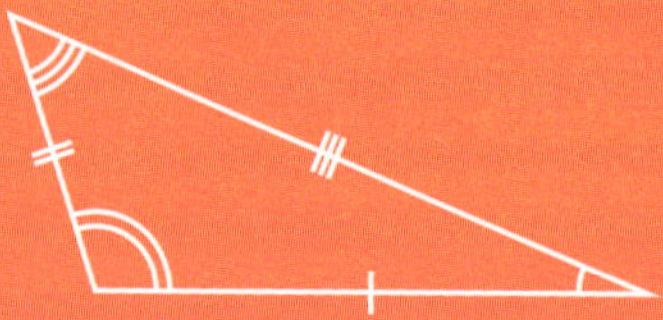

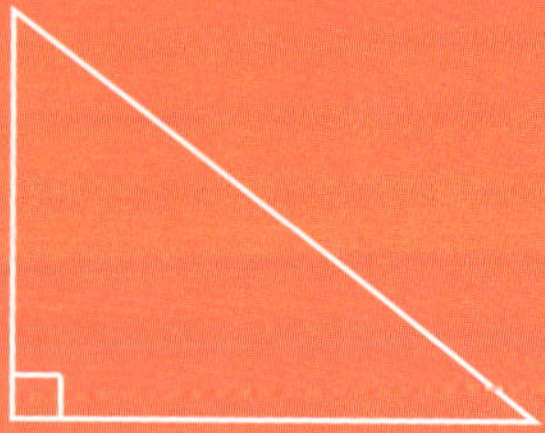

Rectángulo: uno de los ángulos mide 90 °.

TRIANGULACIÓN

El **filósofo griego Euclides** demostró que los **ángulos internos de un triángulo deben sumar 180 grados**.

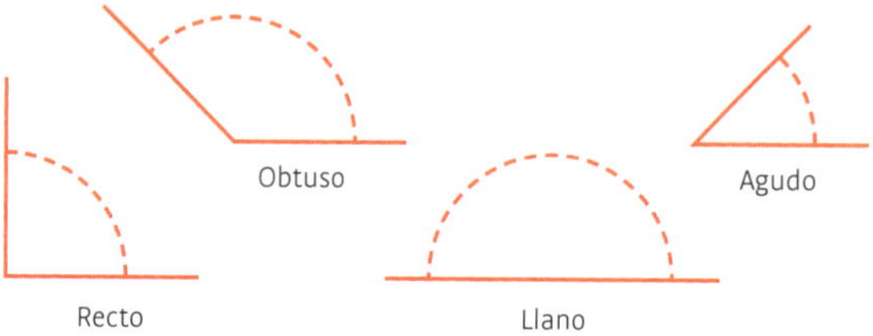

Los ángulos mayores a 90 grados se llaman **«obtusos»,** mientras que los menores de 90 grados son **«agudos».**

Pitágoras demostró que **el cuadrado del lado más largo es igual a la suma de los cuadrados de los otros dos lados, en un triángulo rectángulo**. Generalmente, el lado más largo es menor que la suma de los otros dos.

Se llama **«similares»** a dos triángulos si tienen **la misma forma pero diferente tamaño**. Si tienen el **mismo tamaño y forma** (incluidas las **imágenes en espejo**) entonces son **«congruentes».**

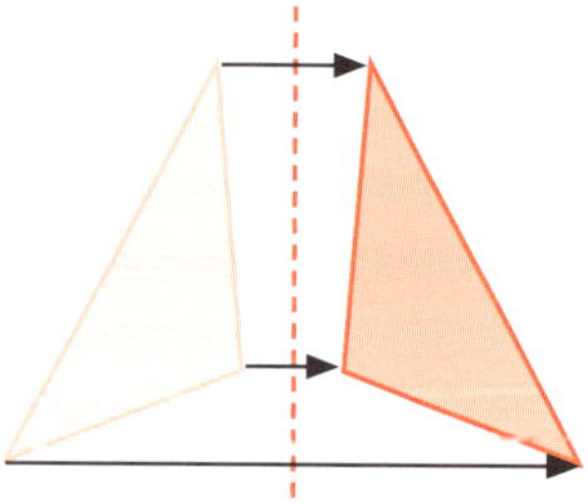

ÁREA

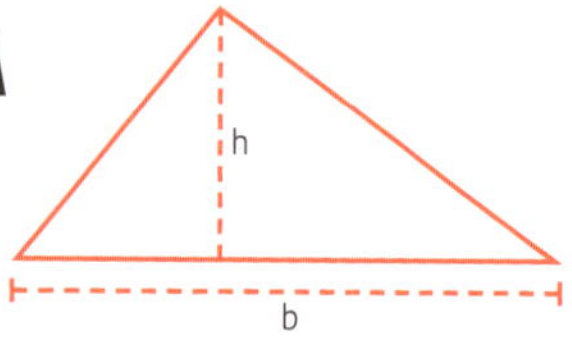

Área de triángulo
1/2 b x h

h = altura
b = base

El **área de un triángulo** se puede calcular como **la mitad del largo de su base multiplicada por su altura**.

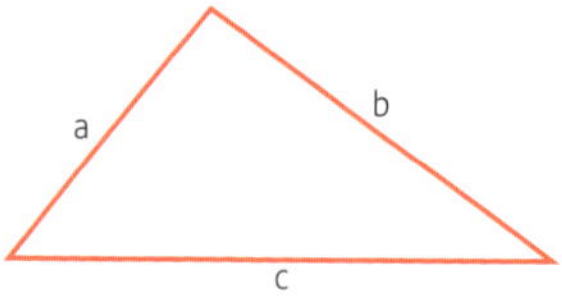

Fórmula de Herón

Semi parámetro (s) = $\frac{a + b + c}{2}$

Área de un triángulo = $\sqrt{s(s-a)(s-b)(s-c)}$

El matemático griego Herón de Alejandría inventó un método más general; la **fórmula de Herón**. Si las longitudes de los lados son a, b y c, entonces el área es la raíz cuadrada de s × (s – a) × (s – b) × (s – c), donde s = ½ × (a + b + c).

TALES DE MILETO

Tales fue el primer erudito en usar el razonamiento deductivo en matemáticas y el primer científico conocido en hacer un descubrimiento matemático.

EL PRIMER DESCUBRIMIENTO MATEMÁTICO DEL MUNDO

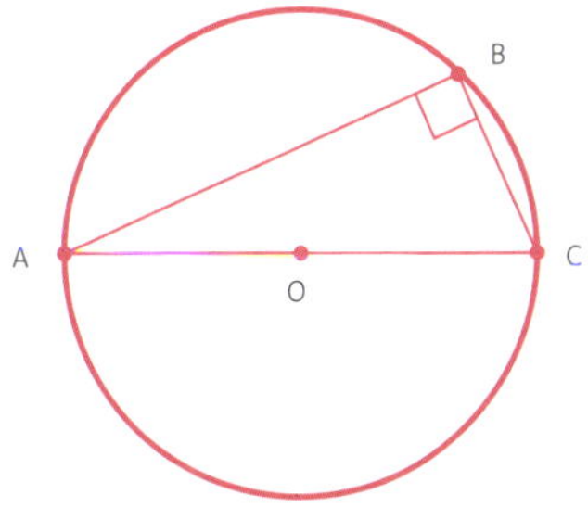

Tales estaba fascinado por la **geometría**. Esto dio origen a **los primeros teoremas matemáticos registrados** en la historia. El más famoso, llamado **Teorema de Tales**, describe **triángulos rectángulos dentro de semicírculos**. Tales dedujo que si A, B, y C son puntos definidos en un círculo, y A–C forma el diámetro, entonces el ángulo en B siempre formará un ángulo recto.

UN SINFÍN DE TEOREMAS

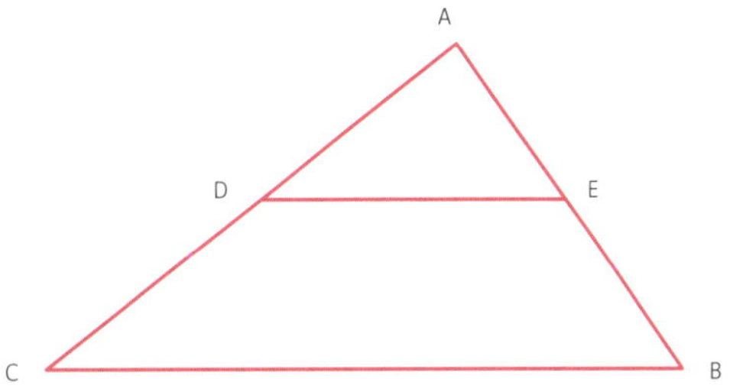

Tales también demostró el **teorema de intersección**, el cual dice que si las líneas CB y DE son **paralelas**, entonces la razones CD/DA y BE/EA deben ser **iguales**.

Demostró que un **círculo** está **bisecado por su diámetro**, que los **ángulos de la base de un triángulo isósceles son iguales**, y que los ángulos opuestos formados por dos líneas que se cruzan, son iguales.

VIDA Y MOMENTOS

c.624 a. C.: Tales nace en Mileto, Jonia, una antigua provincia griega en la costa de la actual Turquía. Él formó parte de lo que Aristóteles definió como la Escuela Jónica, un grupo de prestigiosos filósofos y cosmólogos.

La familia de Tales era de prósperos comerciantes, aunque él rechazó la vida comercial para reflexionar sobre las matemáticas y la astronomía.

Tales viajó a Egipto y los antiguos eruditos afirman que midió la altura de las pirámides, comparando su sombra con la sombra proyectada por la pirámide.

De acuerdo con el historiador griego Herodoto, Tales predijo el eclipse solar del 28 de mayo del 585 a. C.

Se piensa que Tales murió de un golpe de calor mientras observaba los quincuagésimos octavos juegos olímpicos c. 545 a. C. Tenía alrededor de 78 años de edad.

CRIPTOGRAFÍA

El formular y descifrar códigos se ha convertido en un esfuerzo matemático cada vez mayor. Hoy en día, es esencial para la defensa de las naciones y para mantener seguras nuestras transacciones financieras.

ANTIGÜEDAD

- **1500 A. C.** Tablillas mesopotámicas contienen contenido codificado
- **Siglo VII A. C.** Los griegos incorporan el cifrado por transposición
- **Siglo I A. C.** El emperador romano Julio César usa el cifrado de sustitución
- **Año 800** El análisis de frecuencia es desarrollado por matemáticos árabes para poder descifrar códigos
- **1467** Leon Battista Alberti bosqueja el cifrado polialfabético
- **1586** María I de Escocia usa el cifrado de sustitución en la conspiración para matar a la reina Isabel I
- **1914–18** El Almirantazgo británico descifra varios códigos navales alemanes
- **1939–45** Enigma y el código Lorenz, que usa máquinas de cifrado electromecánicas, son descifrados por criptoanalistas
- **1949** Claude Shannon publica su artículo revolucionario *Una teoría matemática de la criptografía*
- **1976** Sale a la luz la criptografía de clave pública
- **1984** Se propone la totalmente segura «criptografía cuántica»

SECRETOS Y ESPÍAS

Texto simple: se emite **mensaje de entrada** antes de la codificación. «ENVIAR REFUERZOS».

Texto cifrado: El texto del mensaje cifrado está listo para la **transmisión**. «VTKC YTHKPSYJTATKXV».

Cifrado de sustitución: sistema de cifrado donde **cada letra del texto simple está vinculada a otra**. Por ejemplo, E ➜ T, R ➜ Y.

Texto simple

A	B	C	D	E	F	G	H	I	J	K	L	M	N	O	P	Q	R	S	T	U	V	W	X	Y	Z
B	W	J	C	T	P	I	O	H	Z	L	Q	A	K	S	U	G	Y	V	X	M	D	F	R	N	E

Texto cifrado

Cifrado de transposición: cifrado donde se colocan caracteres simples en una cuadrícula y los espacios se cambian de acuerdo con reglas específicas.

	1	2	3
1	B	E	S
2	T	C	O
3	D	E	S

Cuad. 1

➜

	2	1	3
3	E	D	S
1	E	B	S
2	C	T	O

Cuad. 2

Análisis de frecuencias: una manera de decodificar el cifrado de sustitución es observar la frecuencia en que aparece cada letra en el texto cifrado. La «E» es la letra más común en inglés y aparece el 12,7 por ciento del tiempo. Entonces, si 12, 7 % de las letras del texto cifrado son «T», es casi seguro afirmar que esta reemplazan a las «E».

Cifrado polialfabético: el análisis de frecuencias puede ser anulado usando múltiples alfabetos de manera rotativa. Prácticamente, así funcionaba la máquina de codificación alemana Enigma.

POTENCIACIÓN

La potenciación comparte lugar con las otras operaciones aritméticas de suma, resta, multiplicación y división y es un método abreviado para multiplicar un número por sí mismo muchas veces.

¿QUÉ ES?

La potenciación es una operación matemática que consiste en **elevar un número**, *a*, a la **«potencia» de otro**, *b*. En la notación moderna, esto se escribe como a^b. Cuando *b* es un entero, esto es equivalente a multiplicar *b* **factores** de *a*. Así, por ejemplo, $a^4 = a \times a \times a \times a$.

Siglos II y III a. C. Euclides acuña el término «potencia» para describir el cuadrado de un número

Siglo III a. C. Arquímedes descubre que $10^a \times 10^b = 10^{a+b}$

1544 La palabra «exponente» es acuñada por el alemán Michael Stifel

1637 René Descartes, en *La Géométrie*, es el primero en usar la notación exponencial moderna

1748 Leonhard Euler considera expresiones en las cuales el propio exponente es la variable, p. ej., 2^x

INVERSOS Y RAÍCES

Las potencias negativas corresponden al **«inverso» de un número**. Así, $x^{-n} = 1/x^n$.

Una **potencia fraccionaria** denota una **raíz**. Entonces, si $y = x^2$, eso significa que $x = y^{1/2} = \sqrt{y}$. Aquí, √ es el **símbolo del radical**, usado para indicar la **raíz cuadrada** de *y*; o sea, un número que multiplicado por sí mismo da como resultado *y*. También se usa para raíces de orden superior, entonces $x^{1/n} = \sqrt[n]{x}$, o la enésima raíz de x.

Y cualquier cosa elevada a la potencia 0 es igual a 1.

Potencia	Resultado	Nombre
-1	1/4	Inverso
0	1	NA
1/2	2	Raíz cuadrada
1	4	NA
2	16	Cuadrado
3	64	Cubo
4	256	Cuarta potencia

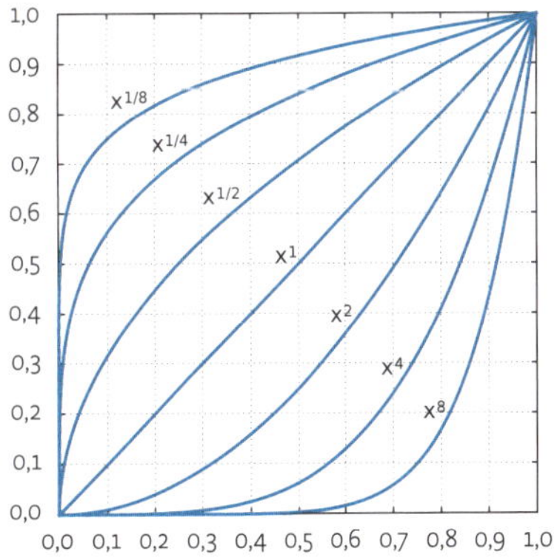

Potencias y raíces de números entre 0 y 1

ÁREA Y VOLUMEN

Desde cocina y topografía hasta la física del cosmos, el área y volumen son herramientas matemáticas esenciales para cuantificar el mundo.

ANTIGÜEDAD

2000 A. C. Primer cálculo del área de un triángulo

260 A. C. Arquímedes usa ϖ para calcular el área y el volumen de círculos y esferas

año 1020 Abul Wafa especula sobre el volumen de un paraboloide

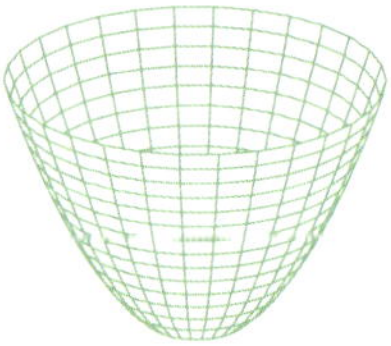

Siglo XVIII Se desarrolla el cálculo integral, ofreciendo así una manera de calcular el área y el volumen de formas matemáticas arbitrarias

ÁREA

Una **línea unidimensional** tiene una única propiedad: su **longitud**.

Para una **forma bidimensional**, se puede medir la longitud de su perímetro exterior. No obstante, la forma también tiene otra propiedad: su **área**. Esta cuantifica su superficie bidimensional.

Un **rectángulo**, por ejemplo, tiene un área igual a **longitud** × **ancho**.

En el mundo real, el área podría medirse en **metros cúbicos** o **hectáreas**.

ÁREAS DE FORMAS

Cuadrado largo de un lado al cuadrado

Rectángulo longitud × ancho

Triángulo ½ × base × altura

Paralelogramo base × altura

Trapecio ½ × base × largo superior

VOLUMEN

Igualmente, los objetos **tridimensionales** tienen una superficie exterior y una propiedad adicional: su **volumen**. Esto nos dice cuánto espacio tridimensional ocupan.

Por ejemplo, un **cuboide** (un sólido con caras rectangulares que se tocan formando ángulos rectos) tiene un volumen igual a su **largo** × **ancho** × **altura**.

El volumen se mide en unidades como **m^3**, o **litros**.

VOLÚMENES DE SÓLIDOS

Cubo un lado al cubo

Cuboide largo × ancho × altura

Prisma área de base × altura

Pirámide 1/3 × área de base × altura

Tetraedro $\sqrt{2}/12$ × largo de un lado al cubo

PITÁGORAS

Uno de los primeros filósofos, el erudito jónico Pitágoras, realizó importantes contribuciones a las matemáticas, la astronomía y la teoría de la música.

Nació en:
Samos, Grecia, en el 570 a. C.

Viajó a:
Egipto, Persia.

Vivió en:
Crotona, sur de Italia.

Pasiones:
filosofía, música, matemáticas, política, religión, metafísica.

Murió:
circa 495 a. C.

TEOREMA PITAGÓRICO

Esta famosa **relación matemática** ha sido la piedra angular de la **construcción** y la **medición** durante milenios.

$$a^2 + b^2 = c^2$$

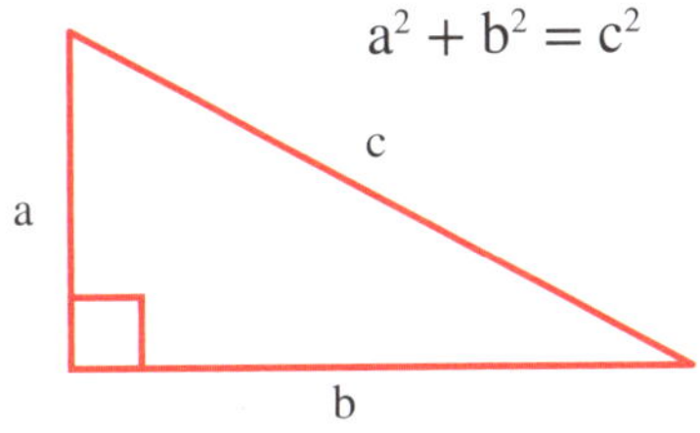

Pitágoras notó que **el cuadrado de la hipotenusa** (el lado de un triángulo opuesto al ángulo recto) es **igual a la suma de los cuadrados de los otros dos lados**.

FIGURAS SAGRADAS

Pitágoras creía que todas las cosas están **hechas de números**, y les atribuía **un significado sagrado**.

MISTICISMO

Pitágoras creía en la **metempsicosis,** que aborda la **inmortalidad del alma** y su **reencarnación** después de la muerte.

ARMONÍA DE LAS ESFERAS

La astronomía le fascinaba a Pitágoras y él creía que las **estrellas** y los **planetas** se movían conforme a las matemáticas, correspondiendo a **notas musicales**, produciendo así una **sinfonía planetaria auditiva**.

PITAGORISMO

Pitágoras inspiró una especie de **culto** entre sus estudiantes y vivieron como una **comunidad intelectual**. Estrictos códigos regían el **comportamiento**, **vestimenta**, y **alimentación**. Siendo algo poco común para la época, Pitágoras recibió a mujeres como **estudiantes**.

EL 10 PERFECTO

Se cree que Pitágoras ideó la **tetraktys**, un **triángulo** que consta de 10 puntos acomodados en cuatro hileras, y contiene uno, dos, tres, y cuatro puntos respectivamente.

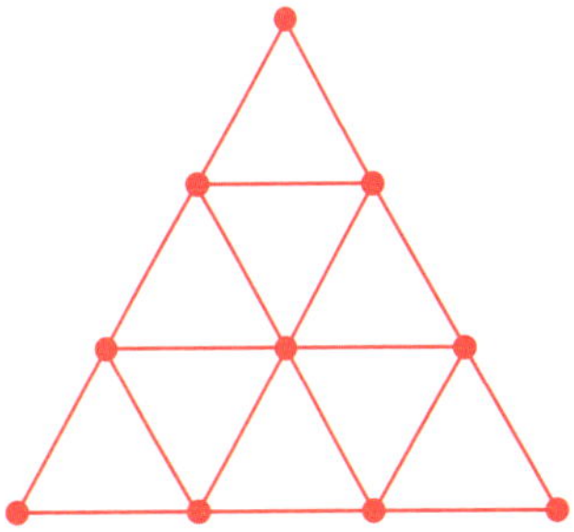

TEOREMA DE PITÁGORAS

Una de las reglas definitorias de la geometría euclidiana es el teorema de Pitágoras, el cual vincula las longitudes de los lados de un triángulo rectángulo.

DOMINANDO LOS TRIÁNGULOS

El teorema establece que, dado un triángulo rectángulo, la **suma de los cuadrados** de los **dos lados más cortos** es **igual al cuadrado del lado más largo**, la **hipotenusa**.

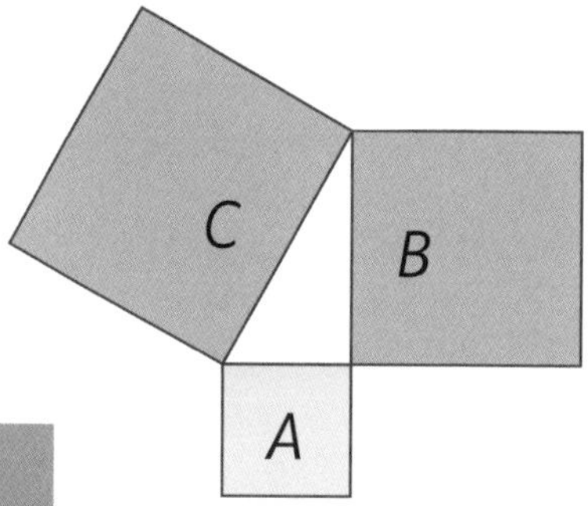

¿SABÍAS QUÉ...?

El teorema de Pitágoras se suele dar en términos de las áreas de cuadrados de un tamaño igual al largo de los lados del triángulo, aunque funciona con **cualquier forma geométrica**. Por ejemplo, pega **pentágonos regulares** a cada lado de un triángulo rectángulo y el área del pentágono en el lado más largo sigue siendo igual a la suma de las áreas de los que están en los otros dos.

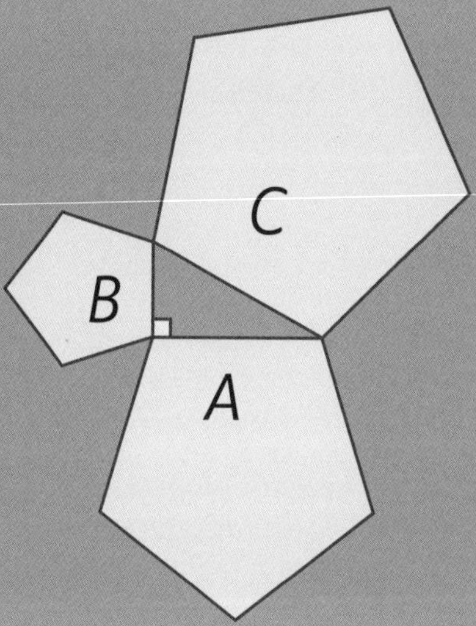

¿QUIÉN LO HIZO?

Aunque lleve el nombre del filósofo griego Pitágoras, quien vivió en el siglo VI a. C., se cree que el teorema era conocido por los antiguos **mesopotámicos** 1200 años antes. A Pitágoras se da el crédito de la primera prueba, derivando el teorema a partir de principios básicos, aunque la evidencia de esto se perdió mucho tiempo atrás. Una prueba aparece en el célebre trabajo ***Los Elementos*, de Euclides**.

TERNAS PITAGÓRICAS

Existen **longitudes particulares en números enteros** para los dos lados más cortos del triángulo, para las cuales, el teorema también da un largo en número entero para la hipotenusa. Estos casos especiales son conocidos como las **ternas pitagóricas**.

Existen cinco conjuntos de ternas con valores menores a 50. Estas son:

Lado 1	Lado 2	Hipotenusa
3	4	5
5	12	13
7	24	25
8	15	17
9	40	41

NÚMEROS IRRACIONALES

Los números irracionales son el patito feo del mundo numérico. Su descubrimiento hizo pedazos el pulcro orden de las matemáticas griegas antiguas.

RAREZAS NUMÉRICAS

Cualquier número que pueda escribirse como una **fracción sencilla**, o **«proporción»**, es decir, a/b donde a y b son ambos **enteros**, se conoce como «racional». Por el contrario, cualquier número que no pueda escribirse de esta manera cae en la categoría matemática de **«irracional».**

EJEMPLOS

Los números irracionales no tienen límite, y en principio, podrían escribirse con un **número infinito de lugares decimales**. No sólo eso, sino que **no existe ningún patrón predecible de repetición de sus dígitos**.

Ejemplos de números racionales incluyen la **constante geométrica** π (= 3,14159...), el **número de Euler** e (= 2,71828...), y **las raíces de cualquier número que no tenga una raíz exacta**, como √2 (= 1,41421...).

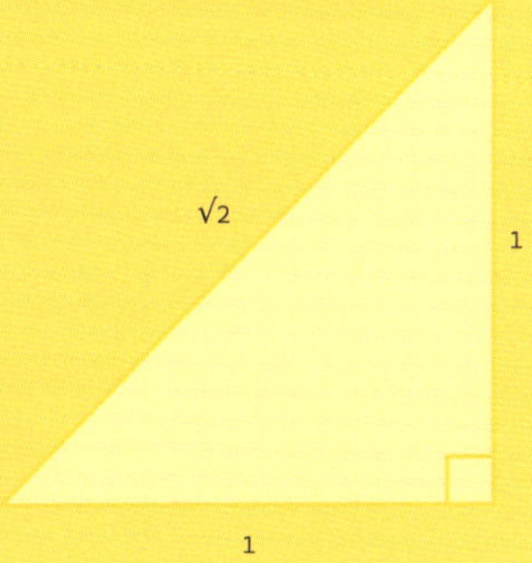

HÍPASO

Los números irracionales fueron descubiertos por **Hípaso**, seguidor de **Pitágoras**, en el siglo VI a. C. Que las matemáticas se comportasen de una **forma tan imperfecta e impredecible** fue chocante para los antiguos griegos. **Algunos autores incluso afirman que Pitágoras ahogó a su protegido** por este escandaloso hallazgo.

Siglo VI a. C. Hípaso descubre los números irracionales

Siglo IV a. C. Eudoxo de Cnido demuestra la irracionalidad de las raíces cuadradas hasta el 17

Siglo V Aryabhata calcula π hasta cuatro lugares decimales

Siglos IX al X Abu Kamil Shuja' ibn Aslam considera números irracionales como soluciones de ecuaciones

1768 Johann Heinrich Lambert sugiere que e y π son trascendentes, así como irracionales

HIPATIA

Famosa por ser la primera mujer matemática conocida, Hipatia fue una pionera brutalmente asesinada por sus creencias.

¿QUIÉN FUE HIPATIA?

Hipatia nació alrededor del año 350 en **Alejandría, Egipto**.

Fue **hija de Teón de Alejandría**, un eminente **matemático** y **astrónomo** grecorromano.

Su nombre en griego significa **«suprema».**

De acuerdo con el escritor **Damascio**, Hipatia era **«extremadamente hermosa»** y eligió ser virgen toda su vida.

APRENDIZAJE INICIAL

Teón fue un maestro destacado y partidario del **neoplatonismo**, un **sistema religioso y filosófico** que se desarrolló en el **siglo III.** Los primeros años de Hipatia transcurrieron en un entorno intelectual inspirador.

PRESERVACIÓN DE OBRAS CLAVE

Hipatia se dedicó a preservar las obras matemáticas y astronómicas griegas. Editó obras de Arquímedes y escribió comentarios en la célebres obras de **Apolonio de Perga**, ***Las cónicas;*** y ***Aritmética*, de Diofanto de Alejandría**.

UNA MUJER DE CARRERA

Alejandría fue un prestigioso centro de aprendizaje. Hipatia impartió **matemáticas**, **astronomía** y **filosofía** a **estudiosos de todo el Mediterráneo**. Su reputación creció con una carrera que abarcó décadas. En un mundo dominado por hombres, se convirtió en una de las mejores exponentes de las matemáticas y la astronomía.

BRUTAL ASESINATO

Las **creencias filosóficas** de Hipatia y su destacada influencia política la hicieron blanco del odio de algunas facciones. Esto culminó en su **asesinato** en el año 415 por una banda de **cristianos**, quienes la arrastraron hasta una iglesia, **la atacaron** con conchas de ostras y la **descuartizaron, extremidad por extremidad**.

UN PODEROSO LEGADO

Hipatia es considerada una **mártir de la filosofía** y se convirtió en un **poderoso símbolo feminista**. Inspiró a **escritores**, **pintores**, **filósofos**, y **científicos** durante milenios.

POLIEDROS

Los poliedros son sólidos en 3 dimensiones formados por polígonos, los cuales se entrelazan para formar aristas y vértices. Las leyes que rigen su estructura reflejan la geometría del espacio en el que vivimos.

ELEMENTOS BÁSICOS

Los polígonos son los elementos básicos de los poliedros. Son formas en 2 dimensiones formadas por **líneas rectas** que forman un **área cerrada**. Pueden ser **«regulares»** (lados del mismo largo y al mismo ángulo), o **«irregulares».**

ANATOMÍA DE UN POLIEDRO

El matemático suizo **Leonhard Euler** halló que para los **poliedros en 3D** con F caras, E aristas, y V vértices, la fórmula

$$V + F - E = 2$$

debe aplicar.

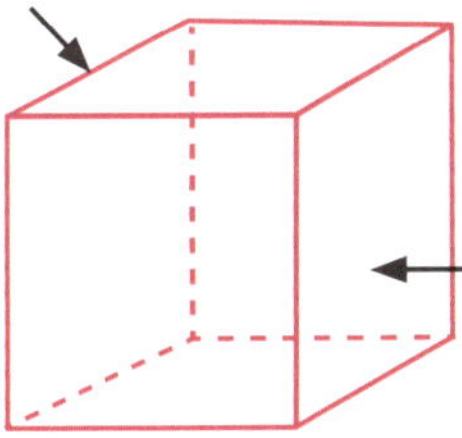

La fórmula de los poliedros de Euler es válida para cualquier forma en 3D que sea **«sencilla»** (p. ej. que no tenga huecos) y sea **«convexa»** (es decir, es curva hacia el exterior en todos sus puntos como una pelota).

Una consecuencia es que **no puede haber ningún poliedro con siete aristas**.

SÓLIDOS PLATÓNICOS

Los **sólidos platónicos** son **poliedros «regulares»** es decir, todas sus caras son polígonos regulares con el mismo número de lados y todos los vértices tienen el mismo número de artistas que se conectan con estos. Al aplicar estas restricciones a la **fórmula de Euler** se revela que **solo pueden existir cinco polígonos regulares**, con cuatro, seis, ocho, doce, y veinte caras.

Los amantes de los juegos de mesa reconocen estas como las bases de un **dado de múltiples caras,** diferente del dado de diez caras, que es un **trapezoedro pentagonal** (no un poliedro regular, ya que sus caras no son polígonos regulares).

Sólido platónico	Caras	Polígono de las caras
Tetraedro	4	Triángulo equilátero
Cubo	6	Cuadrado
Octaedro	8	Triángulo equilátero
Dodecaedro	12	Pentágono regular
Icosaedro	20	Triángulo equilátero

POLIEDRO IRREGULAR

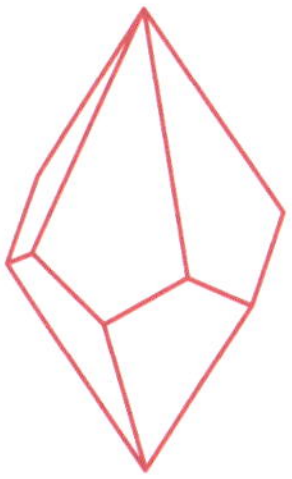

Existen muchos **otros poliedros**. Por ejemplo, los **sólidos arquimedianos** están hechos, cada uno, de diferentes polígonos regulares.

Tal vez, el más famoso de estos es el **icosaedro truncado** usado para los **balones de fútbol**.

NÚMEROS PERFECTOS

El filósofo griego Euclides describió por primera vez los números perfectos hace 2300 años. Algunos estudiosos incluso creían que sus extrañas propiedades les daban una relevancia mística.

¿QUÉ ES UN NÚMERO PERFECTO?

Un número perfecto es un **entero positivo que es la suma de todos sus divisores, excluyéndolo a él mismo** (ver tabla). El número 6 es el primer número perfecto, puesto que todos los factores de 6 (1, 2 y 3), también suman 6.

Número perfecto	Factores positivos	Suma de los factores excluido él mismo
6	1, 2, 3, 6	6
28	1, 2, 4, 7, 14, 28	28
496	1, 2, 4, 8, 16, 31, 62, 124, 248, 496	496
8128	1, 2, 4, 8, 16, 32, 64, 127, 254, 508, 1016, 2032, 4064, 8128	8128

Solo existen **cuatro números perfectos menores a un millón**; **6**, **28**, **496**, y **8.128**.

MATEMÁTICAS MÍSTICAS

Los eruditos han **estudiado desde tiempos antiguos** los números perfectos, a los que hallaron seductores. **Pitágoras** creía que tenían propiedades místicas.

En el siglo IV a. C., **Euclides** postuló que $2^{p-1}(2^p - 1)$ es un número perfecto, y también un entero par, cuando $2^p - 1$ es primo. He aquí algunos ejemplos:

Si p es 2: $2^1(2^2 - 1) = 2 \times 3 = 6$

Si p es 3: $2^2(2^3 - 1) = 4 \times 7 = 28$

Si p es 5: $2^4(2^5 - 1) = 16 \times 31 = 496$

Si p es 7: $2^6(2^7 - 1) = 64 \times 127 = 8128$

La comprensión de los números perfectos dio pie a los **«números primos de Mersenne»** (números primos de la forma 2p – 1, donde p es un entero), nombrados como el **monje francés Marin Mersenne,** quien los descubrió.

En el siglo XVIII, **Leonhard Euler** demostró que cualquier número perfecto par puede hallarse usando **la fórmula de Euclides** (más arriba). No se **sabe si existen números perfectos nones**.

Actualmente existe un total de **51 números perfectos conocidos**.

NÚMEROS PRIMOS

La existencia de números primos se conoce desde hace miles de años, pero sus propiedades todavía no se han entendido por completo. Son una de las grandes curiosidades de las matemáticas.

¿QUÉ ES UN NÚMERO PRIMO?

Cualquier número mayor a 1 que sólo puede ser dividido exactamente entre sí mismo o 1, es un número primo. Entonces, 5 es primo porque no puede ser dividido sin resto por cualquier número diferente de 1 o 5. Por otra parte, 6 no lo es porque además del 1 y el 6, también puede ser dividido entre 2 y 3.

Los primeros veinte números primos son ...

2 3 5 7 11 13 17 19 23 29 31 37 41 43 47 53 59 61 67 71

No existen **números primos pares mayores a 2**. Y el filósofo griego **Euclides** demostró que el **número total de primos es infinito**.

En la actualidad, se encuentran **nuevos números primos** usando **ordenadores**.

La **hipótesis de Riemann,** un **teorema no demostrado** en las **matemáticas puras,** sugiere que la **distribución** de números primos puede **predecirse**.

APLICACIONES

Los números primos son esenciales para **otras ramas de las matemáticas**, así como para la **criptografía**, e incluso la **biología** ...

- CRIPTOGRAFÍA
- TEORÍA CUÁNTICA
- TEORÍA DE NÚMEROS
- ÁLGEBRA ABSTRACTA
- CICLO DE LA CIGARRA

CURIOSIDADES

Los números primos fueron mencionados en el **Papiro de Rhind**, que data del 1550 a. C.

El **mayor número primo conocido** fue descubierto en diciembre de 2018, y tiene el valor de $2^{82.589.933} - 1$.

Hay muchos tipos de **«n.os primos exóticos»** como los **primos de Mersenne**, los cuales son **siempre 1 menos que una potencia de 2**; y los **«sexy», en pares separados por 6**

DEMOSTRACIONES MATEMÁTICAS

Las demostraciones son el alma de las matemáticas modernas. Cualquier teorema debe ser demostrado por medio de una serie de pasos lógicos que parten de verdades matemáticas establecidas.

ANTIGÜEDAD

- **Siglos V a VI A. C.** Tales e Hipócrates prueban los primeros teoremas geométricos
- **300 A. C.** Euclides realiza deducción a partir de axiomas
- **Siglo X** Eruditos islámicos desarrollan demostraciones algebraicas
- **1976** Kenneth Appel y Wolfgang Happel prueban el teorema de los cuatro colores
- **1994** Andrew Wiles demuestra el último teorema de Fermat
- **2006** Grigori Perelman demuestra la hipótesis de Poincaré

¿QUÉ SON?

Sea para el **teorema de Pitágoras** o la **hipótesis de Poincaré**, las **reglas matemáticas** solo son válidas si se **demuestran**.

Las demostraciones toman muchas formas, desde simplemente demostrar que algo **existe** (como una solución a una ecuación), hasta demostrar **singularidad** (que una solución es la única solución), o demostrar un **hecho general** (p. ej., que $\sqrt{2}$ es irracional).

¿CÓMO?

Entre los métodos están la **deducción** (en la cual un paso continúa a partir de otro), ***reductio ad absurdum*** (que demuestra que si un teorema no es cierto, entonces resulta una **contradicción**), y la **inducción** (en la cual un resultado se **prueba en un caso especial**, digamos $n = 0$, y luego se prueba cierta, en general, cuando $n \to n + 1$).

La capacidad de **demostrar algo como cierto al 100 por ciento** en las matemáticas guarda un **duro contraste con respecto a las ciencias**, ya que las teorías **solo pueden demostrarse ser falsas**.

PROBLEMAS NO PROBADOS

Algunas ideas matemáticas **no están demostradas formalmente**. Las más famosas son los 6 **Problemas del Milenio**, propuestos por el **Clay Mathematics Institute**, en New Hampshire. Hay un **premio de \$1m** si puedes resolver alguno ...

P vs NP: si la solución a un problema puede verificarse rápidamente, ¿puede también hallarse rápidamente?

Hipótesis de Hodge: que ciertas «clases de homología» en un espacio arbitrario son algebraicas.

Hipótesis de Riemann: que los ceros no triviales de la función zeta de Riemann tienen un componente «real» de $1/2$.

Existencia de Yang–Mills y salto de masa: que las ecuaciones que rigen la fuerza de los núcleos atómicos pueden ser resueltas.

Ecuaciones de Navier–Stokes: demostrar la existencia, o no, de soluciones suaves, a las ecuaciones de Navier–Stokes de dinámica de fluidos.

Hipótesis de Birch y Swinnerton-Dyer: decir si las curvas elípticas tienen un número finito de soluciones racionales.

EUCLIDES

El libro de Euclides, Los elementos, *fue considerado durante mucho tiempo el texto más importante de las matemáticas. Einstein lo describió como su «librito sagrado de la geometría».*

«SOLO EUCLIDES HA CONTEMPLADO LA BELLEZA DESCUBIERTA». – EDNA ST VINCENT MILLAY (POETISA ESTADOUNIDENSE)

¿QUIÉN FUE EUCLIDES?

Poco se sabe de este **erudito griego**, que nació en el siglo IV a. C. y pasó la mayor parte de su vida enseñando y estudiando en **Alejandría, Egipto**.

Su nombre en griego significa **«renombrado»** o **«glorioso».**

En la antigüedad, a Euclides rara vez se le llamaba así; más bien se le conocía como **«el autor de los *Elementos*».**

A través del tiempo, se ha convertido en el **«padre de la geometría».**

Murió a mediados del **siglo III a. C.**

LOS ELEMENTOS

El libro de Euclides, ***Los elementos,*** reunió todas las teorías y enseñanzas matemáticas previas, incluyendo el trabajo de **Eudoxo**, **Pitágoras** e **Hipócrates**.

1, 2, 3...

El libro también incluyó una de los primeras menciones de la **teoría de los números**, estudiando los **números enteros**, los **números primos** y los **números perfectos.**

Sentó las bases para la **geometría**, la matemática de las formas. Usando solo **compases de práctica** y la **línea recta**, Euclides presentó **cientos de teoremas**.

El método de Euclides para hallar el **máximo común divisor de dos números** es uno de los primeros ejemplos de un «**algoritmo**».

LEGADO

Las modernas y **avanzadas ideas geométricas** como los **espacios curvos** y **la geometría diferencial** se derivan del trabajo de Euclides.

La nave espacial Euclides, de la agencia espacial europea, tiene como objetivo ayudarnos a comprender la **inmensa geometría del universo**. Se lanzará en 2022.

GEOMETRÍA EUCLIDIANA

En el 300 A. C., Euclides reunió todo el conocimiento existente sobre la geometría, junto con sus propios teoremas y descubrimientos, y los plasmó en un libro de trece volúmenes, llamado Los elementos.

AXIOMAS DE EUCLIDES

Los teoremas geométricos de Euclides se derivaban de un pequeño número de **supuestos básicos y ampliamente intuitivos**, sus **«axiomas».**

1. Puedes dibujar un segmento de recta entre **cualesquiera dos puntos**.
2. Una línea recta puede **extenderse infinitamente** en cualquiera de sus direcciones.
3. Es posible **dibujar un círculo** de cualquier radio en cualquier punto.
4. Todos los **ángulos rectos son iguales**.

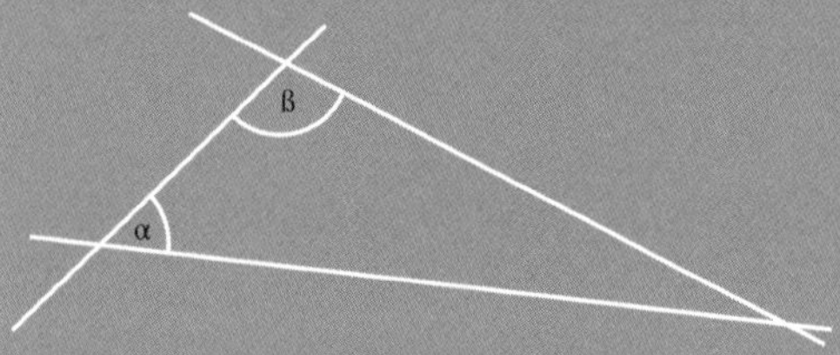

5. Si una línea recta atraviesa otras dos rectas, y si los ángulos internos formados suman menos que dos ángulos rectos (180°), las líneas eventualmente se cruzarán. En otras palabras, **las líneas paralelas nunca se cruzan**. Esto se conoció como el **«postulado de paralelismo»** de Euclides.

OBSERVANDO A EUCLIDES

Euclides demostró sus teoremas en *Los Elementos* mediante **construcción geométrica**, es decir, dibujando líneas con **regla** y **compás,** y mediante la **deducción** a partir de sus **axiomas**.

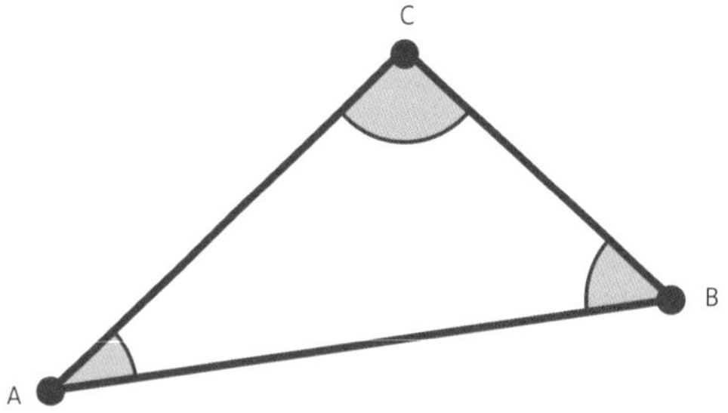

Ángulo A + Ángulo B + Ángulo C = 180°

Algunos ejemplos son los **ángulos internos de un triángulo** (en concreto, que equivalen a 180°) y el **teorema de Tales** (un triángulo dibujado dentro de un círculo, de manera que un lado del triángulo sea el diámetro del círculo, siempre debe ser rectángulo).

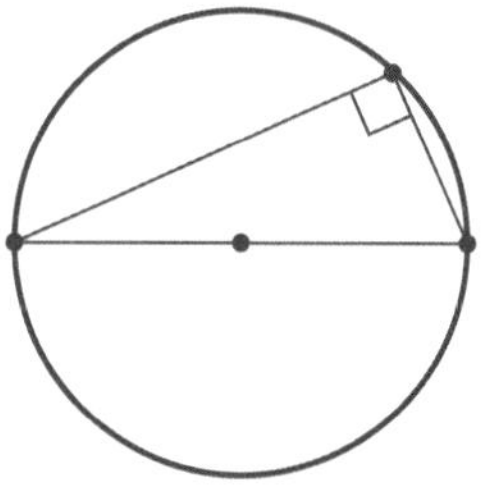

1650 A. C. Escrito sobre características geométricas en el Papiro de Rhind egipcio

Siglo VII A. C. Tales usa la geometría para resolver problemas prácticos

300 A. C. Se publica el libro de Euclides *Los elementos*

1637 El libro de René Descartes *La Géométrie* marca el inicio de la geometría analítica

1830 Se publican los primeros resultados sobre geometría no euclideana

ALGORITMOS

Cualquiera que haya escrito incluso el programa de ordenador más básico sabe qué es un algoritmo: un conjunto específico de instrucciones para realizar de forma automática una tarea o resolver un problema.

¿POR QUÉ EL NOMBRE?

La palabra **«algoritmo»** tiene su origen en el erudito persa **Muhammad ibn Musa al-Khwarizmi**, cuyo nombre latinizó un traductor en el año 825 como ***algoritmi***. Esto luego se alteró a ***algorithmus***, que para el siglo XVII se convirtió en **«algoritmo»**. La palabra no obtuvo su significado moderno hasta el siglo XIX.

ALGORITMOS EN LA VIDA COTIDIANA

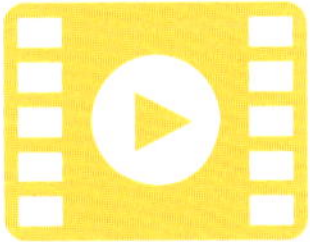

Recomendaciones: las recomendaciones de canciones o películas que te ofrecen plataformas como **iTunes** y **Netflix** usan un algoritmo para hallar **nuevas selecciones** que sean **comparables con tus preferencias pasadas**.

Optimización: los algoritmos pueden hallar la **mejor solución entre múltiples posibilidades**. Así es como la navegación por satélite encuentra la ruta más corta al destino deseado.

Búsqueda: Google y otros algoritmos pueden **registrar Internet o una base de datos** buscando **la mejor coincidencia para una solicitud de búsqueda**.

Clasificación: cuando **Amazon** clasifica tus búsquedas por **precio** o **valoración**, usa un algoritmo para **comparar pares de entradas** en turno, y luego coloca la lista completa en orden.

ALGORITMO DE EUCLIDES

Probablemente, el ejemplo más antiguo que hay es el algoritmo de Euclides, el cual se publicó en el libro VII de sus ***Elementos,*** en el 300 a. C. El algoritmo está **diseñado para hallar el máximo común divisor de dos números**, o sea, el mayor valor entre el cual ambos números pueden ser divididos sin residuo, que se **obtiene sustrayendo repetidamente un número del otro**.

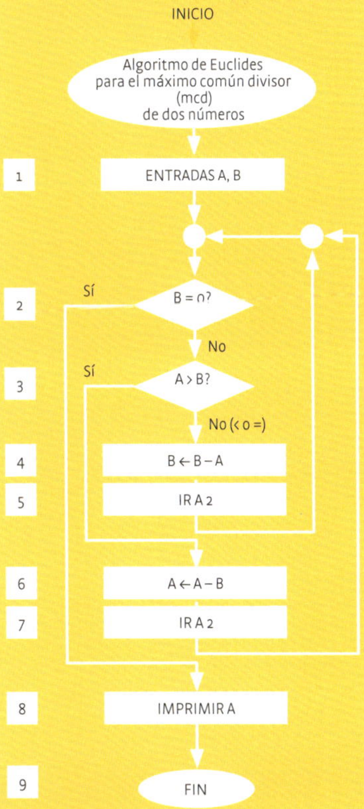

PI

Pi, o π como se escribe normalmente, es una constante fundamental de la geometría, que establece la proporción de la circunferencia de un círculo con relación a su diámetro.

¿QUÉ ES π?

El valor moderno es:

3,1415926535897932384626433832795028841971693993751058209749445923078164062862089986280348253421170679821480865132823066470938446095505822317253594081284
811174502841027019385211055596446229489549303819644288109756659334461284756482337867831652712019091456485669234603486104543266482133936072602491412737245
870066063155881748815209209628292540917153643678925903600113305305488204665213841469519415116094330572703657595919530921861173819326117931051185480744623799
6274956735188575272489122793818301194912983367336244065664308602139494639522473719070217986094370277053921717629317675238467481846766940513200056812714526
3560827785771342757789609173637178721468440901224953430146549585371050792279689258923542019956112129021960864034418159813629774771309960518707211349999998
3729780499510597317328160963185950244594553469083026425223082533446850352619311881710100031378387528865875332083814206171776691473035982534904287554687311
5956286388235378759375195778185778053217122680661300192787661119590921642019893809525720106548586327886593615338182796823030195203530185296899577362259941
3891249721775283479131515574857242454150695950829533116861727855889075098381754637464939319255060400927701671139009848824012858361603563707660104710181942
95559619894676783744944825537...

En pocas palabras, π es tanto **irracional** como **trascendente**, ya que tiene un **número infinito de dígitos**. Una aproximación racional bastante buena es 355/113.

ANTIGÜEDAD

CÍRCULOS

De la definición de ϖ, la **circunferencia de un círculo** es $C = 2\pi r$, donde r es su radio, y su área está dada por $A = \pi r^2$.

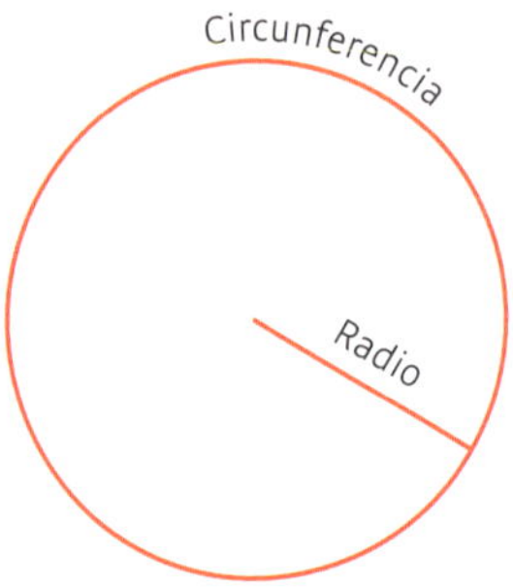

SÓLIDOS

Igualmente, π aparece en las fórmulas del **área de la superficie y volumen de sólidos tridimensionales que tienen sección transversal circular**

Sólido	Área de la superficie	Volumen
Esfera	$4\pi r^2$	$\frac{4}{3}\pi r^3$
Cilindro	$2\pi r^2 + 2\pi rh$	$\pi r^2 h$
Cono	$\pi r(r + \sqrt{(h^2 + r^2)})$	$\frac{1}{3}\pi r^2 h$

- **1650 A. C.** El primer cálculo conocido de π (~ 3,16) aparece en el Papiro de Rhind egipcio
- **Siglo III A. C.** Arquímedes se aproxima a π mediante la fracción 22/7
- **1220** Fibonacci obtiene un valor de 3,1418 trazando un círculo a partir de un polígono de muchos lados
- **1706** El matemático galés William Jones es el primero en usar el símbolo π
- **1761** El matemático suizo Johann Heinrich Lambert demuestra que π es irracional
- **1882** El matemático alemán Ferdinand von Lindemann demuestra que π también es trascendente
- **2015** Rajveer Meena recita 70 000 dígitos de π de memoria, una marca mundial
- **2019** La empleada de Google Emma Haruka Iwao usa un ordenador para calcular π como 31 415 926 535 897 (casi 31 500 millones) de dígitos, igualmente, una marca mundial

ARQUÍMEDES

Considerado por muchos como el «padre de las matemáticas», Arquímedes fue uno de los científicos más destacados del mundo antiguo.

DE UN VISTAZO

Nació en: Siracusa, Sicilia en el 287 a. C.

Educado en: Alejandría, Egipto.

Pasiones: astronomía, ingeniería, matemáticas, filosofía.

Mecenas: rey Hierón II.

Murió: a manos de los romanos en el 212 a. C.

LOGROS Y AVANCES DESTACADOS

Pi: Arquímedes fue el **primer matemático que se conoce que estimó el valor pi**, la proporción de la circunferencia de un círculo con relación a su diámetro.

Principio de Arquímedes: un objeto flotante desplaza su propio peso en el fluido.

Tornillo de Arquímedes: Diseñó una hoja metálica en forma de tornillo helicoidal dentro de un cilindro, la cual bombeaba agua de un nivel a otro. Hoy se usan diferentes versiones de este dispositivo.

Rayo de calor: Se le reconoce a Arquímedes haber **diseñado mecanismos mortíferos** usando espejos para concentrar la luz del sol sobre naves enemigas, prendiéndoles fuego.

La garra: para defender puertos marítimos, Arquímedes **diseñó un garfio de metal** suspendido de un brazo similar a una grúa. La garra elevaba un extremo de la nave atacante sobre el agua, volteándola y haciendo que se hundiera.

Teoremas: Arquímedes descifró la **manera de calcular el área de un círculo**, **el área superficial y el volumen de una esfera**, y **el área bajo una parábola**.

LEGADO DE ARQUÍMEDES

La cadena montañosa lunar **Montes Arquímedes** se llama así en su honor.

La **medalla Fields**, otorgada por contribuciones a las matemáticas, lleva grabado el retrato de Arquímedes.

«¡Eureka!» es el **lema del estado de California**, acuñado al inicio de la Fiebre del Oro.

Galileo veneraba a Arquímedes y afirmaba que fue un **«superhumano».**

ERATÓSTENES DE CIRENE

Eratóstenes definió un algoritmo inicial para hallar números primos, descubrió los años bisiestos y fue la primera persona de la cual se tenga registro, en calcular la circunferencia de la Tierra.

VIDA Y MOMENTOS

Nacimiento:
c. 276 a. C. en **Cirene**, entonces una ciudad griega, ahora el pueblo libio de Shahhat.

Educación:
estudió **filosofía** y **matemáticas** en Cirene y **Atenas**.

Pasiones y escritos:
geografía, **matemáticas**, **astronomía**, **historia**, **comedia**, y **poesía**.

Papel clave:
director de la **Biblioteca de Alejandría**, el centro más prestigioso de aprendizaje, del mundo antiguo.

Muerte:
c. 195 a. C., se cree que Eratóstenes se **quedó ciego** y **se suicidó dejando de comer hasta morir**.

TRABAJOS CÉLEBRES

Se cree que Eratóstenes es el **primer científico en calcular la circunferencia de la Tierra**. Obtuvo un resultado de **44 096 km,** cercano al **valor actual de 40 000 km**.

También inventó un **calendario** con un año de 365 días y un día adicional cada cuatro años.

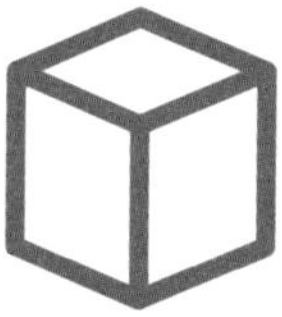

Descifró cómo, dado un **cubo**, calcular el tamaño de un nuevo cubo del doble de **volumen**.

EL TAMIZ DE ERATÓSTENES

~~1~~	2	3	~~4~~	5	~~6~~	7	~~8~~	~~9~~	~~10~~
11	~~12~~	13	~~14~~	~~15~~	~~16~~	17	~~18~~	19	~~20~~
~~21~~	~~22~~	23	~~24~~	~~25~~	~~26~~	~~27~~	~~28~~	29	~~30~~
31	~~32~~	~~33~~	~~34~~	~~35~~	~~36~~	37	~~38~~	~~39~~	~~40~~
41	~~42~~	43	~~44~~	~~45~~	~~46~~	47	~~48~~	~~49~~	~~50~~
~~51~~	~~52~~	53	~~54~~	~~55~~	~~56~~	~~57~~	~~58~~	59	~~60~~
61	~~62~~	~~63~~	~~64~~	~~65~~	~~66~~	67	~~68~~	~~69~~	~~70~~
71	~~72~~	73	~~74~~	~~75~~	~~76~~	~~77~~	~~78~~	79	~~80~~
~~81~~	~~82~~	83	~~84~~	~~85~~	~~86~~	~~87~~	~~88~~	89	~~90~~
~~91~~	~~92~~	~~93~~	~~94~~	~~95~~	~~96~~	97	~~98~~	~~99~~	~~100~~

Creando un «**tamiz numérico**», Eratóstenes inventó una manera de hallar números primos a través de un **proceso de eliminación**.

Primero se elimina el 1, que no es un número primo; luego, cada número divisible entre 2; después los números divisibles entre 3, 5, 7, y 9. Aquí se muestra el resultado de hacer esto para todos los números hasta el 100.

Los antiguos griegos entendían los **números primos**; aquellos que no pueden formarse multiplicando otros números enteros.

Eratóstenes había creado una **herramienta matemática rápida y sencilla**. Se trataba de un «**algoritmo**» incipiente.

SECCIONES CÓNICAS

Las secciones cónicas son un tipo de curvas que se forman a partir de secciones delgadas de un cono. Su comprensión fue un importante avance en la geometría, con muchas aplicaciones en el mundo real.

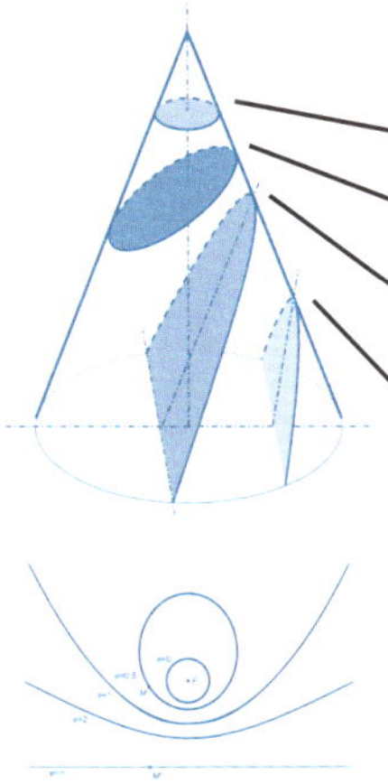

ANATOMÍA DE UNA CÓNICA

Una rebanada horizontal a través del cono crea un círculo sencillo.

Inclina la sección **con relación al plano horizontal** y el círculo se deforma creando una **forma ovalada** conocida como una **elipse**.

Continúa inclinándola hasta que la sección sea paralela al costado del cono y la figura se convierte en una **curva abierta** conocida como **parábola**.

Inclínala aun más y la figura se convierte en una clase de curva abierta aun más amplia que se conoce como **hipérbola**.

APPS ESPECTACULARES

Las secciones cónicas tienen aplicaciones en el diseño de sistemas ópticos y antenas satelitales, y describen las **trayectorias de objetos en campos eléctricos y gravitatorios**. Una pelota lanzada desde la superficie de la tierra sigue una **parábola**. Pero, si se le da suficiente fuerza alcanzará una **órbita**, moviéndose en una **trayectoria circular o elíptica**.

HISTORIA

$$y=x^2$$

El primer estudio conocido de secciones cónicas se realizó en el siglo IV a. C. por el **matemático griego Menecmo**. **Euclides** y **Apolonio** realizaron trabajos posteriores.

En el año 1000 de nuestra era, el **erudito árabe Al-Quhi** diseñó un mecanismo para dibujar secciones cónicas.

Aunque las secciones cónicas se estudiaron inicialmente desde un punto de vista geométrico, en el siglo XVII **John Wallis** fue capaz de describirlas utilizando **ecuaciones matemáticas**.

COMBINATORIA

La combinatoria es una rama de las matemáticas que trata sobre las posibles combinaciones y disposiciones de los objetos, por ejemplo, bolas tomadas de un saco de forma aleatoria.

FACTORIALES

Dado un entero *n*, la **función factorial**, denotada como n!, es un útil recurso para la combinatoria. Es igual a n × (n – 1) × (n – 2) × ... × 1.

Tabla de Factoriales 1!–30!	
01!	1
02!	2
03!	6
04!	24
05!	120
06!	720
07!	5040
08!	40320
09!	362880
10!	3628800
11!	39916800
12!	479001600
13!	6227020800
14!	87178291200
15!	1307674368000
16!	20922789888000
17!	355687428096000
18!	6402373705728000
19!	121645100408832000
20!	2432902008176640000
21!	51090942171709440000
22!	1124000727777607680000
23!	25852016738884976640000
24!	620448401733239439360000
25!	15511210043330985984000000
26!	403291461126605635584000000
27!	10888869450418352160768000000
28!	304888344611713860501504000000
29!	8841761993739701954543616000000
30!	265252859812191058636308480000000

COMBINACIONES

Cuando **no importa el orden en el cual se disponen los objetos, las posibilidades resultantes se conocen como combinaciones**. Por ejemplo, si tienes los números 1 a 3 y quieres elegir dos, entonces hay tres combinaciones posibles: 1, 2; 1, 3; y 2, 3. **El orden no es importante aquí**; entonces, por ejemplo, 1, 2 = 2, 1.

En general, al seleccionar k elementos de n, el número de combinaciones posibles es

$$n!/(k!(n-k)!)$$

Esto a veces solo se escribe $\binom{n}{k}$ y se menciona como **«n eligen k»**.

n	k	Permutaciones	Combinaciones
2	1	2	2
2	2	2	1
3	1	3	3
3	2	6	3
3	3	6	1
4	1	4	4
4	2	12	6
4	3	24	4
4	4	24	1
5	1	5	5
5	2	20	10
5	3	60	10
5	4	120	5
5	5	120	1

PERMUTACIONES

Con la ayuda del factorial podemos calcular permutaciones, es decir, **el número de maneras de ordenar un grupo de objetos**. Por ejemplo, si tienes los números 1 a 3, existen seis disposiciones posibles: 123, 132, 213, 231, 312, y 321. En general, **dados n elementos, habrá n! permutaciones posibles**. Si no usas todas las n, pero quieres elegir solo k elementos de una posible n, entonces la fórmula se convierte en

$$n!/(n-k)!$$

PROBABILIDAD

La combinatoria a menudo se usa en teoría de la probabilidad para calcular el número de formas en que puede darse un resultado particular. Por ejemplo, si un saco contiene tres bolas rojas y tres bolas negras, y sacas dos aleatoriamente, entonces la probabilidad de que ambas sean rojas es 3 eligen 2, divido entre 6 eligen 2, que es igual a 0,2. Ocurrirá un 20 por ciento de las veces.

NÚMEROS BINARIOS

Los sistemas de números binarios son el elemento fundamental de las tecnologías de la información. Evolucionaron en la antigua India a través del trabajo del matemático Acharya Pingala.

¿QUÉ ES UN NÚMERO BINARIO?

Mientras que nuestro **sistema numérico decimal (de base 10)** se forma con los diez dígitos 0–9, los números binarios se expresan usando la **base 2**, la cual usa solo dos números, por lo general 0 y 1.

CÓMO HALLAR UN NÚMERO BINARIO

Los números binarios pueden entenderse como la suma de potencias de dos. Por ejemplo, el número 122 puede escribirse en binario como 01111010; $0 \times 128 + 1 \times 64 + 1 \times 32 + 1 \times 16 + 1 \times 8 + 0 \times 4 + 1 \times 2 + 0 \times 1$.
(Ver la tabla de la derecha).

Potencia 2	2^7	2^6	2^5	2^4	2^3	2^2	2^1	2^0
Decimal	128	64	32	16	8	4	2	1
Binario	0	1	1	1	1	0	1	0

Los dígitos binarios actúan como interruptores, desactivando (0) u activando (1) cada potencia de dos.

PRIMEROS DIEZ NÚMEROS BINARIOS

0	1	2	3	4	5	6	7	8	9
0	1	10	11	100	101	110	111	1000	1001

DATOS DE LOS NÚMEROS BINARIOS

Los números binarios se usan en **informática**, ya que pueden **codificarse** fácilmente en la forma de un **interruptor de encendido y apagado**.

Otro sistema numérico común es el de **base 60**, o **sexagesimal**. Fue desarrollado por los antiguos **sumerios** hace más de 4000 años y aún se usa para medir el paso del tiempo.

Los números binarios fueron desarrollados en su forma actual en el siglo XVII por **Gottfried Leibniz**.

PINGALA

Los primeros binarios fueron desarrollados por el erudito **Acharya Pingala**.

Pingala fue un **matemático indio** que vivió hace más de 2000 años.

Es famoso por ser la **primera persona en usar el «cero»,** al que llamó «Śūnya», en **sánscrito**.

Pingala estudió los **patrones en la poesía**, los cuales se dio cuenta que podía escribir como **«sílabas»,** usando **un tipo de notación binaria**.

ÁLGEBRA

Álgebra es el nombre que aprendemos para la técnica de cambiar números por símbolos para resolver ecuaciones. También es el punto de partida para muchas áreas avanzadas de las matemáticas.

1800 A. C. La tablilla babilónica muestra la solución de una ecuación elíptica cuadrática

300 A. C. *Los Elementos* de Euclides incluye secciones sobre resolución de ecuaciones cuadráticas

Año 499 El matemático indio Aryabhata deriva soluciones a ecuaciones lineales

Año 820 Al-Khwarizmi completa su libro *Al-kitāb al-mukhtaṣar fī ḥisāb al-ğabr wa'l-muqābala*

Año 1070 Omar Khayyam investiga las ecuaciones cúbicas

Año 1832 Evariste Galois desarrolla un trabajo inicial sobre el álgebra abstracta

LA ESENCIA DEL ÁLGEBRA

El álgebra les permitió a los estudiosos **plantear problemas de forma matemática,** y luego **resolverlos**.
Por ejemplo, consideremos la ecuación $2x - 4 = 0$.

A esta se le llama **ecuación «lineal»**, ya que no contiene potencias de x mayores a 1.

A partir de esto, se puede deducir el valor de x: simplemente suma 4 en ambos lados y luego divídelos entre 2, y te queda $x = 2$.

ECUACIONES SIMULTÁNEAS

El álgebra también hace posible resolver ecuaciones con más de una incógnita. Esto es posible siempre y cuando haya una ecuación por cada incógnita. Así, si tenemos

$$2x - y = 5$$
$$x + y = 1,$$

podemos hacer una **suma de estas ecuaciones** para obtener $3x = 6$, o $x = 2$. Y luego, al **substituir esto en cada ecuación**, obtenemos que $y = -1$.

HABLANDO DE NOMBRES

El nombre «álgebra» evolucionó del árabe ***al jabr*** (que significa **«la unión de las partes fragmentadas»**), tomado del título de un libro sobre técnicas algebraicas escrito por el matemático islámico **Muhammad ibn Musa al-Khwarizmi**.

ÁLGEBRA SUPERIOR

El álgebra moderna **ha dejado atrás la resolución de ecuaciones**, extendiendo las técnicas algebraicas a la **geometría**, la **lógica**, la **teoría de números**, y más **conceptos matemáticos abstractos**.

TRIGONOMETRÍA

Desde la medición topográfica, pasando por el diseño de videojuegos, hasta la física y la ingeniería, la trigonometría es una herramienta poderosa para calcular los tamaños y las proporciones de los triángulos.

¿QUÉ ES?

La trigonometría es una rama de las matemáticas **que relaciona la razón del largo de los lados de un triángulo rectángulo con sus ángulos**. Por ejemplo, si un ángulo del triángulo es de 30°, el triángulo tiene la misma forma básica que cualquier otro con un ángulo de 30°, y las longitudes de sus lados deben tener **las mismas proporciones entre sí**.

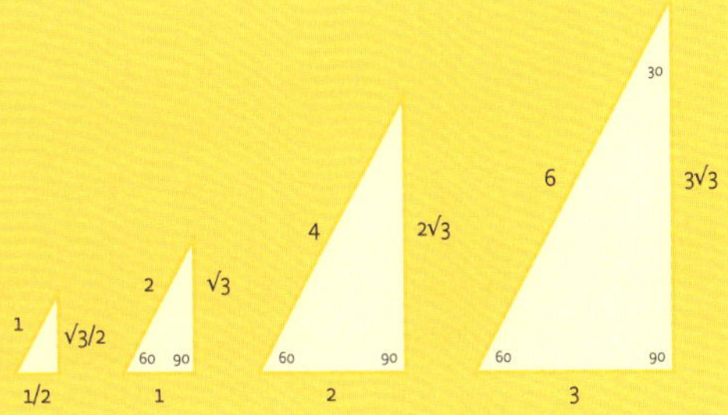

FUNCIONES TRIGONOMÉTRICAS

Existen **tres funciones trigonométricas principales**, conocidas como **seno**, **coseno** y **tangente**, por lo general abreviadas como **sen**, **cos** y **tan**.

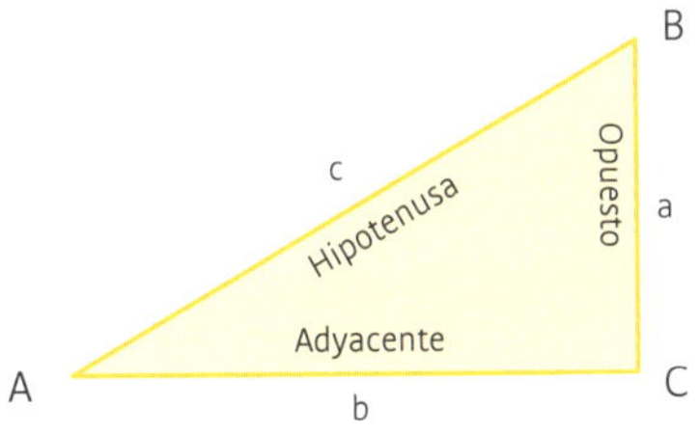

Se definen en términos de las longitudes de los lados como:

sen A = Opuesto/Hipotenusa
cos A = Adyacente/Hipotenusa
tan A = Opuesto/Adyacente

A los estudiantes a veces les gusta recordarlos usando la ayuda nemotécnica SOH-CAH-TOA.

VALORES

Como con los logaritmos, hubo **un tiempo en que las funciones trigonométricas había que consultarlas en tablas**. Actualmente, existen **calculadoras de bolsillo** y **aplicaciones móviles** que pueden evaluar las funciones con tan solo tocar un botón. No obstante, algunos valores comunes son:

Ángulos en grados	**0°**	**30°**	**45°**	**60°**	**90°**
sen	0	1/2	√2/2	√3/2	1
cos	1	√3/2	√2/2	1/2	0
tan	0	√3/3	1	√3	No definido

3er milenio a. C. Los astrónomos sumerios desarrollan el estudio de los ángulos

140 a. C. Hiparco da los primeros valores tabulados de la función seno

1543 Nicolás Copérnico describe la trigonometría en *De Revolutionibus Orbium Coelestium*

1595 El erudito alemán Bartolomé Pitiscus acuña el término «trigonometría»

CERO

Durante miles de años, la humanidad se las arregló sin el número cero, sin embargo, en la actualidad es difícil imaginar el mundo sin él.

DE NADA A CERO

0

El cero es **fundamental** para las matemáticas y **permitió un avance tremendo en esta disciplina**. Sin embargo, **aun los antiguos griegos**, con sus ideas matemáticas progresistas, **no contaban con una forma de resolverlo**.

Fue el erudito indio **Brahmagupta** quien comprendió que el cero era **en sí mismo un número** y que tenía aplicaciones en las matemáticas.

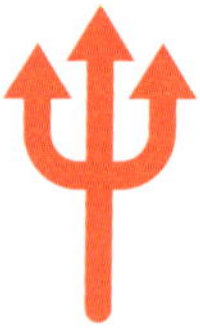

En el siglo XII, el matemático italiano **Fibonacci introdujo el cero junto con los números indoarábigos a Europa**. Sin embargo, estaba tomando un gran riesgo. La **Iglesia desconfiaba de los números arábigos** y **los consideraba satánicos**.

El cero fue prohibido en Florencia en 1299, pero los comerciantes lo hallaron útil y continuaron diciendo en secreto su nombre arábigo, *sifr*. Hoy el cero es **tan importante como las cifras del uno al nueve en nuestro sistema numérico**.

POR QUÉ EL CERO CUENTA

5 El cero sustenta los **sistemas numéricos**, el **álgebra**, el **cálculo**, y la **geometría**.

4 Tiene una **relación cercana con el infinito**, puesto que cualquier número dividido entre cero es infinito.

3 **Da precisión a las cifras microscópicas**, y **permite que existan números enormes**.

2 **Separa los números positivos de los negativos.**

1 El cero es el **marcador de posición en nuestro sistema decimal**.

0 **Las matemáticas** dependen del cero. **No podrían funcionar sin él**.

3000 A. C. Se cree que los babilónios usaban un símbolo de dos cuñas inclinadas para representar el cero

900–300 A. C. El manuscrito de Bakhshali en sánscrito contiene el más antiguo cero escrito conocido

Año 628 Brahmagupta toma al cero como su propio número y establece reglas para su uso

1202 Fibonacci introduce el «0» al sistema numérico indoarábigo

1545 Gerolamo Cardano publica su trabajo sobre los números negativos

PTOLOMEO

Considerado un genio de la época antigua, Ptolomeo sabía que la clave de la astronomía residía en las matemáticas. Su trabajo representó uno de los puntos más altos de la ciencia grecorromana.

Nacimiento: c. 90 d. C., Alejandría, Egipto, bajo dominio romano.

Pasiones: matemáticas, astronomía, geografía y literatura.

Tratados: *Almagesto*, *Geografía*, *Óptica* y *Astrología.*

Muerte: c. 168 d. C.

OBRA MAESTRA

El trabajo más importante de Ptolomeo es el ***Almagesto***, de la palabra griega para «mayor»,**un tratado sobre astronomía** que completó c. 150 d. C.

El libro **postula la creencia de Ptolomeo de que el movimiento de los planetas, la luna y el sol podía ser explicado en términos matemáticos** y fue un texto clave hasta el siglo XVII.

Ptolomeo afirmaba haber tabulado **datos astronómicos** y **modelos geométricos** registrados por científicos **griegos** y **babilonios** durante cientos de años. Estos se usaban para calcular la posición pasada y futura de los planetas.

El libro incluía detalles de **técnicas matemáticas** como la **trigonometría esférica**.

Almagesto también contiene un **catálogo de estrellas** de **cuarenta y ocho constelaciones**, sumando al trabajo del astrónomo griego **Hiparco**.

HOMBRE TALENTOSO

El trabajo de Ptolomeo, ***La Armónica,*** exploró las **matemáticas de la música** y desarrolló la **teoría pitagórica de que las notas musicales podían convertirse en ecuaciones matemáticas**.

En el tratado ***Geografía***, Ptolomeo trazó **longitudes** y **latitudes** en grados para 8000 ubicaciones en su mapa del mundo.

En ***Óptica***, Ptolomeo creó un tratado importante sobre **percepción visual**, incluyendo una incipiente tabla sobre **refracción**, que describía como un rayo de luz se hace curvo cuando pasa **del aire al agua**.

DIOFANTO

Uno de los primeros maestros del álgebra, Diofanto fue un autor grecorromano que escribió la célebre obra, Aritmética, *estableciendo las reglas del álgebra e inspirando a matemáticos por milenios.*

¿QUIÉN FUE DIOFANTO?

Poco se sabe de la vida de Diofanto, pero los historiadores creen que nació en los albores del siglo III d. C. Vivió en **Alejandría, Egipto**, durante la **era romana**.

ÁLGEBRA

Diofanto fue el **primer matemático conocido en usar el simbolismo algebraico**. Por ejemplo, usaba símbolos para representar las incógnitas, así como usamos «x».

ARITMÉTICA

Diofanto es mejor conocido por su obra, *Aritmética*, la cual fue **el tratado más influyente sobre álgebra en tiempos antiguos**. Constaba de trece volúmenes, diez de los cuales existen hoy en día. Cada volumen presenta una serie de problemas, con la metodología algebraica requerida para resolverlos.

Mientras **Europa** estaba en decadencia en la **La Edad Media**, los **estudiosos arábes** intentaban resolver las **ecuaciones más complejas de Aritmética**.

¿A QUÉ EDAD?

Un rompecabezas propuesto por el matemático griego del siglo V, **Metrodoro,** sugiere que Diofanto vivió hasta una edad conocida al resolver la **ecuación diofantina** $x = x/6 + x/12 + x/7 + 5 + x/2 + 4$.

La solución es $x = 84$.

ECUACIONES DIOFANTINAS

Diofanto fue el primero en estudiar las ecuaciones con **solo soluciones de números enteros**.

$x + 2 = 3$ es diofantina ya que su solución es $x = 1$.

Pero $2x - 1 = 0$ no lo es, ya que su solución es $x = 1/2$.

ÚLTIMO TEOREMA DE FERMAT

Fue durante la lectura de *Aritmética* que **Pierre de Fermat** se inspiró para proponer su **notorio «último teorema»**:

$$a^n + b^n = c^n$$

ECUACIONES DIOFANTINAS

Estudiadas inicialmente por el gran filósofo griego del siglo III Diofanto, las ecuaciones diofantinas son declaraciones sobre las relaciones entre números enteros.

¿QUÉ SON?

Una ecuación diofantina **consta de dos o más variables elevadas a una potencia**. No hay nada extraño con eso, excepto que las ecuaciones diofantinas buscan exclusivamente como **soluciones, números enteros**. Así, por ejemplo, la ecuación $x^2 + y^2 - 13 = 0$, con la solución $x = 2$, $y = 3$, es un ejemplo. Mientras que $x^2 + y^2 - 1 = 0$ (sin soluciones de enteros) no lo es.

¿POR QUÉ?

$\sqrt{2}$

A Diofanto no le gustaban los **números irracionales**, los que **no pueden expresarse como una fracción sencilla,** así que restringió sus estudios a los enteros. De esta forma, las ecuaciones diofantinas concentran las relaciones entre los enteros, y esto ha producido un campo matemático por derecho propio: **la teoría de números**.

PROBLEMA DE WARING

Las ecuaciones diofantinas inspiraron otros resultados en las matemáticas. En 1770, el erudito francés **Joseph-Louis Lagrange** demostró que, para cualquier entero k, es posible elegir enteros a, b, c, y d tales que $k = a^2 + b^2 + c^2 + d^2$ (recordemos que el cero es un entero).

Una pregunta relacionada, conocida como el **problema de Waring** (el nombre del matemático inglés del siglo XVIII, Edward Waring), es **cuántos términos se necesitan para potencias diferentes de 2**. En 1936, se postuló una fórmula que ha sido desde entonces **probada para todas las potencias hasta 471 600 000**. Las primeras son ...

Potencia	**1**	**2**	**3**	**4**	**5**	**6**	**7**	**8**	**9**	**10**
Número de términos	1	4	9	19	37	73	143	279	548	1079

10

DÉCIMO PROBLEMA DE HILBERT

El famoso **«décimo problema»** del matemático alemán **David Hilbert** era hallar un **algoritmo** para determinar si una ecuación tipo diofantina tenía soluciones enteras y era, así, verdaderamente diofantina. **En 1970, se demostró que no existe dicho algoritmo.**

TESELADO

Estos hermosos e hipnóticos patrones se han usado por milenios en el embaldosado decorativo. Son uno de los primeros ejemplos de cómo las matemáticas y la geometría se aplicaron en la vida cotidiana.

¿QUÉ ES EL TESELADO?

El teselado es el **embaldosado de una superficie plana** de tal forma que no existan **huecos o superposición**. Al usar **polígonos**, en cada **vértice** (los puntos formados por la intersección de varias baldosas), el patrón debe ser el mismo. La **suma de los ángulos** en este punto será de **360 º**.

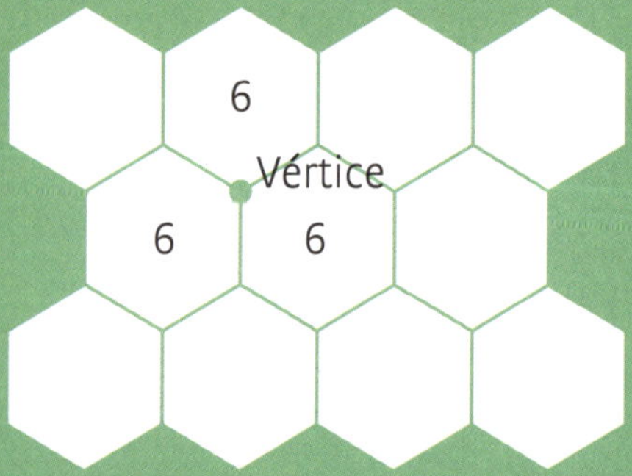

Mosaicos, **papel tapiz** y **baldosas** a menudo están en teselado. También se **usa en manufactura para reducir el desperdicio**, por ejemplo, al **cortar hojas de metal** para **latas** o **piezas de coches**. Un **rompecabezas** es un ejemplo perfecto de teselado.

SÍMBOLO DE SCHLÄFLI

El teselado bidimensional que consta de un único tipo de **polígono** regular puede especificarse usando el **símbolo de Schläfli**, dos números entre corchetes separados por una coma. El primero da el número de lados que tiene cada polígono, mientras que el segundo el n.º de polígonos que rodean a cada vértice. Por ejemplo, **un patrón de hexágonos regulares entrelazados** es (6, 3).

EJEMPLOS DE TESELADO

Monoedral, que consta de una forma. Estas son a menudo polígonos, aunque no tienen que serlo, como ilustra la espiral.

Embaldosado pitagórico, se usan en el patrón dos cuadrados de tamaños diferentes.

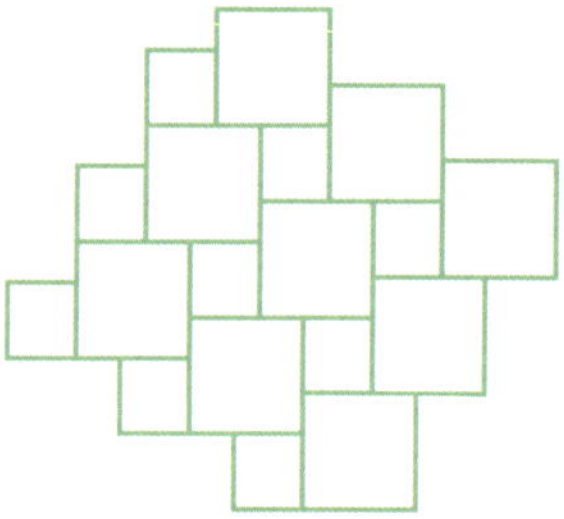

Un teselado tridimensional creado a partir de poliedros entrelazados, en este caso, octaedros truncados.

Maravilla de la naturaleza. El panal es un ejemplo de cómo los teselados pueden surgir en la naturaleza.

BOECIO

Boecio fue un talentoso erudito romano cuyo trabajo garantizó que el estudio de las matemáticas continuara en Europa a pesar del nadir cultural de la Edad Media.

Nació c. 477 d. C. en Roma, aproximadamente 130 años después de la caída del imperio romano. **Murió c. 524 d. C.** en Pavia, al norte de Italia.

UN ESTADISTA ROMANO

- Boecio nació en una **familia aristocrática**.
- Quedó huérfano y fue criado por el patricio **Símaco**, quien fue inspiración para sus estudios en **literatura y filosofía**.
- Boecio se hizo **cónsul** en el año 510, un poderoso y prestigioso puesto.
- A pesar de las demandas del gobierno, **Boecio comenzó a traducir las obras de Aristóteles y Platón del griego al latín**.

GRAN INTELECTUAL

- Boecio compiló un texto que **influiría en el estudio académico durante siglos**.
- Su obra, ***Aritmética,*** fue fundamental ya que reunió y preservó el trabajo de matemáticos previos, incluyendo a **Pitágoras**, **Euclides**, y **Ptolomeo**.
- También realizó obras sobre **lógica** y **teología**, y desarrolló la conexión entre las **matemáticas** y la **música**.
- Boecio **se aseguró de que las matemáticas florecieran como una disciplina académica**.

TRÁGICA CAÍDA

- En el año 522, Boecio fue **nombrado jefe de todos los servicios de gobierno y cortes de Roma**.
- Un año después, cayó de la gracia del rey, **Teodorico el Grande**, y fue **encarcelado bajo cargos de traición**.
- En prisión, Boecio escribió su célebre obra ***De Consolatione Philosophiae***.
- En el año 524, Boecio fue **ejecutado por traición**.
- Su legado perdura. **El trabajo de Boecio ayudó a unir la línea divisoria entre las enseñanzas del mundo antiguo y las del mundo moderno**.

ARYABHATA

Uno de los grandes eruditos de la época clásica de la India, Aryabhata ayudó a desarrollar la comprensión de las matemáticas y la astronomía en su célebre obra Aryabhatiya.

VIDA Y MOMENTOS

Aryabhata nació c. 476 d. C. en **Kusumapura** (actual **Patna**), India.

A la edad de veintitrés años escribió su texto clásico *Aryabhatiya.*

Aryabhata tuvo una profunda influencia en la **astronomía**, describiendo correctamente la **física de los eclipses**, y percatándose de que los **planetas y la luna brillan debido al reflejo de la luz solar**.

Fue el **primer matemático que se conoce calculó con precisión el valor de** π, llegando hasta la cuarta posición decimal.

Aryabhata escribía sus observaciones matemáticas y astronómicas en **versos pareados**.

GENIO DE LA ANTIGÜEDAD

¿Por qué *Aryabhatiya* fue una obra tan innovadora?

Contiene una **profusión de razonamientos matemáticos** sobre temas como **geometría**, **resolución de ecuaciones**, y **series numéricas**.

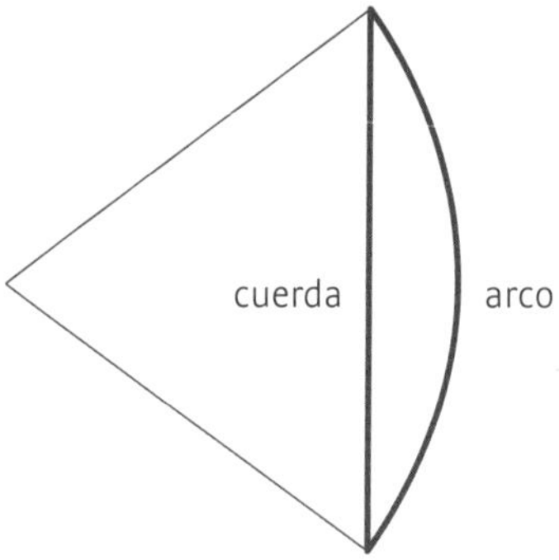

Aryabhata aborda la **función trigonométrica seno**, y da una **tabla de sus valores**. Llama a la función ***ardha-jya*** que significa **«media-cuerda»**. Se tradujo en **latín como «*sinus*»,** y en **español como «seno»**.

.000000001

Aryabhata usa el **sistema de «valor por posición»**, donde el valor de un dígito en un número se incrementa en una **potencia de diez** por cada lugar que se **mueve a la izquierda**. Por ejemplo, 100 es dos potencias de 10 (o sea, 100) mayor que 001.

El libro **daba las fórmulas elegantes para calcular la suma de una serie de números cuadrados o cúbicos**. Por ejemplo:

$$1^2 + 2^2 + \ldots + n^2 = \frac{n(n + 1)(2n + 1)}{6}$$

UN LEGADO QUE PERDURA

Se cree que Aryabhata murió c. 550 d. C.

Muchos **matemáticos indios** se **inspiraron para escribir sus propios comentarios sobre *Aryabhatiya***.

En 1975, **India nombró el primer satélite del país en su honor**.

BRAHMAGUPTA

Este matemático y astrónomo indio nació hacia el final de la Era de Oro india del conocimiento. Entre muchos descubrimientos, identificó la crucial importancia del cero.

DATOS

Brāhmasphuṭasiddhānta nació en el año 598, en **Rajastán**, India.

Fue el **primer matemático en definir reglas para el uso del cero** y en identificarlo como **un número sin igual**.

En el año 628, explicó sus teorías en la obra *Brāhmasphuṭasiddhānta*, que se traduce como **«La doctrina del Brahma correctamente establecida»**. Brahma era un dios hindú.

A Brahmagupta le gustaba resolver problemas por pura **diversión** y por lo tanto, es considerado como uno de los **primeros matemáticos recreativos conocidos**.

Murió en el año 668, en la India.

FÓRMULA DE BRAHMAGUPTA

Brahmagupta ideó una **fórmula para calcular el área de un cuadrilátero cíclico**, es decir, una figura de cuatro lados que puede ser inscrita dentro de un círculo.

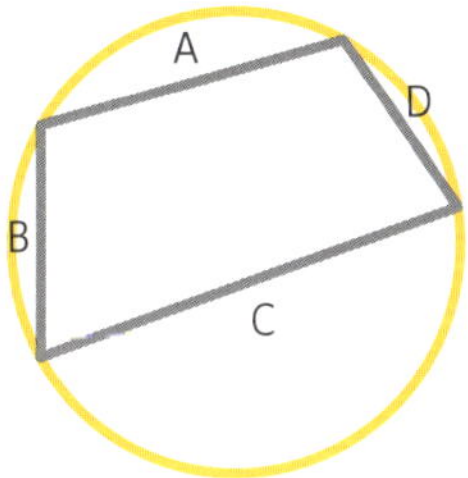

La fórmula da el área como

$$K = \sqrt{(s-a)(s-b)(s-c)(s-d)}$$

donde a, b, c, y d son las longitudes de los lados, y s es la mitad de su suma.

ECUACIONES CUADRÁTICAS

Brahmagupta dio la **primera explicación escrita de una fórmula para resolver ecuaciones cuadráticas**, las de la forma $a x^2 + b x + c = 0$. La versión de la fórmula usada hoy en día da dos soluciones viables:

$$x = \frac{-b \pm \sqrt{(b^2 - 4ac)}}{2a}$$

Sin embargo, la fórmula de Brahmagupta daba solo una de estas, correspondiente a la **raíz cuadrada positiva**. Por ejemplo, $x^2 + 5x + 4 = 0$, tiene la solución completa $x = -2{,}5 \pm 1{,}5$; es decir, $x = -1$ o $x = -4$. **La fórmula de Brahamgupta solo identificaba la primera de estas**.

BRAHMAGUPTA Y EL CERO

Brahmagupta usaba un lenguaje interesante para ilustrar las reglas del cero:

UNA DEUDA MENOS CERO ES UNA DEUDA.

UNA FORTUNA MENOS CERO ES UNA FORTUNA.

CERO MENOS CERO ES CERO.

MUHAMMAD IBN MUSA AL-KHWARIZMI

Mientras que Europa occidental languidecía en la Edad Media, el oriente disfrutaba de la Edad de Oro islámica. Uno de sus hijos más destacados fue al-Khwarizmi.

Nació alrededor del año 780 en **Corasmia**, en la actual **Uzbekistán**.

Al-Khwarizmi estudió **Ciencias** y **Matemáticas** en la **Casa de la Sabiduría en Bagdad**.

Entre el año 813 y el 830, escribió célebres obras sobre **álgebra**, **aritmética**, y **astronomía**.

Alrededor del año 820, fue nombrado **astrónomo y jefe de la biblioteca de la Casa de la Sabiduría**.

Al-Khwarizmi murió alrededor del año 850.

NACIMIENTO DEL «ÁLGEBRA»

El término **álgebra** se deriva del **árabe *al jabr*,** que al-Khwarizmi **acuñó para describir esta rama de las matemáticas**. Significa **«reunir»** o **«terminación».** *Al jabr* formó parte del título en árabe de su famoso tratado ***El compendioso libro sobre cálculos mediante terminación y balanceo*** (c. 820 d. C.). La obra establecía al álgebra como la **disciplina matemática clave**. Fue **traducida al latín** en el siglo XII y se convirtió en un **texto universitario esencial durante 400 años**.

LOGROS

Al-Khwarizmi descubrió **reglas claras y sistemáticas** para hallar **soluciones a ecuaciones lineales y cuadráticas**.

Demostró cómo los **cálculos algebraicos** podían usarse para **resolver problemas** en elementos de la vida persa de la época, incluyendo el **comercio**, las **herencias**, y **la medición topográfica**.

Su obra introdujo el **sistema numérico indoarábigo** al mundo occidental. Una traducción de su nombre evolucionó después en el término **«algoritmo».**

Realizó trabajos sobre el **calendario hebreo**, determinando reglas sobre **en qué día de la semana debería caer el primer día del mes**.

MATRICES

Una matriz es una disposición de números, ya sea de forma cuadrada o rectangular. Tratar un bloque de números como uno solo, mejoró la eficiencia de las técnicas algebraicas y geométricas.

ANATOMÍA DE UNA MATRIZ

Una matriz $m \times n$ tiene m filas y n columnas:

Columna 1 Columna 2 Columna 3 Columna 4

$$\begin{bmatrix} \text{Fila 1} & a_{11} & a_{12} & a_{13} & a_{14} \\ \text{Fila 2} & a_{21} & a_{22} & a_{23} & a_{24} \\ \text{Fila 3} & a_{31} & a_{32} & a_{33} & a_{34} \\ & \vdots & \vdots & \vdots & \vdots \\ \text{Fila m} & a_{m1} & a_{m2} & a_{m3} & a_{m4} \end{bmatrix}$$

ARITMÉTICA

Matrices de las mismas dimensiones pueden sumarse o restarse. Simplemente se suman o restan los números correspondientes en cada matriz.

$3 + 4 = 7$

$$\begin{bmatrix} 3 & 8 \\ 4 & 6 \end{bmatrix} \quad \begin{bmatrix} 4 & 0 \\ 1 & -9 \end{bmatrix} \quad \begin{bmatrix} 7 & 8 \\ 5 & -3 \end{bmatrix}$$

MULTIPLICACIÓN

Multiplicar matrices entre sí es ligeramente más complejo. Dos matrices, A y B, solo pueden ser multiplicadas si A tiene el mismo número de columnas que B de filas. Funciona así:

$$\begin{bmatrix} A & B \\ C & D \end{bmatrix} \times \begin{bmatrix} E & F \\ G & H \end{bmatrix} = \begin{bmatrix} AE+BG & AF+BH \\ CE+DG & CF+DH \end{bmatrix}$$

También observa que **la multiplicación de matrices no es conmutativa**, por lo que el producto de A × B no es el mismo que el de B × A.

La división de matrices, en cierto sentido, también es posible, creando una **matriz inversa** (escrita como A^{-1}) y **luego multiplicándola**. Sin embargo, esto solo es **posible para matrices cuadradas** (con **igual número de filas y columnas**).

ÁLGEBRA

Una matriz sirve para **escribir conjuntos de ecuaciones algebraicas de manera ordenada y sintética**. Así, un conjunto de ecuaciones simultáneas puede escribirse como una sola ecuación matricial y luego resolverse fácilmente.

Siglo II a.C. En China usan disposiciones parecidas a matrices para resolver ecuaciones simultáneas

1850 El matemático inglés James Sylvester acuña el término «matriz»

1858 Arthur Cayley publica su libro *Memoria sobre la teoría de matrices*

1880s Galton y Pearson desarrollan la correlación estadística, utilizando matrices

1925 El físico Werner Heisenberg usa matrices en su modelo de la teoría cuántica

OMAR KHAYYAM

Conocido por su poesía al igual que por la astronomía y las matemáticas, Omar Khayyam realizó destacadas contribuciones al desarrollo del álgebra.

Khayyam nació en el año 1048 en **Nishapur, Persia**, la actual **Irán**.

Su talento en las **matemáticas** y la **astronomía** brilló de inmediato. Khayyam impartió cátedra de estas materias durante su vida.

Khayyam escribió su **primer libro sobre álgebra a los 22 años**. Es más conocido en matemáticas por su trabajo sobre **ecuaciones cúbicas**.

Khayyam realizó mucho de su trabajo inicial estableciendo la **relación entre la geometría y el álgebra**.

Escribió **comentarios sobre Los *Elementos de Euclides***, en particular, intentando demostrar el **axioma del paralelismo**.

Murió en Nishapur en el año 1131.

UN MAESTRO DEL ÁLGEBRA

El trabajo de Khayyam fue crucial para el **desarrollo del álgebra** como una disciplina en tiempos modernos.

En su ***Tratado sobre la Demostración de Problemas de Álgebra y Balanceo***, publicado c. 1070, Khayyam dio ejemplos exhaustivos de cómo las **secciones cónicas como círculos e hipérbolas** pueden usarse para dar **soluciones a ecuaciones cúbicas**.

Estas, son ecuaciones que contienen un término cúbico (x^3), de la forma $ax^3 + bx^2 + cx + d = 0$. Si b y c son ambos 0, entonces, resolver la ecuación equivale a obtener una simple **raíz cúbica**. No obstante, en general, la solución es mucho **más complicada**.

La genialidad de Khayyam consistió en **descomponer las ecuaciones cúbicas** en problemas que comprendieran **hallar la intersección entre dos secciones cónicas**. Entonces, trazando **curvas cónicas** y hallando sus **intersecciones**, fue capaz de resolver la ecuación **geométricamente**.

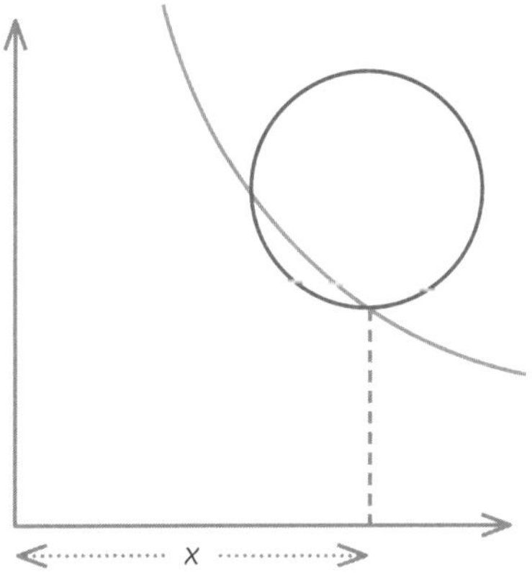

¿SABÍAS?

La palabra ***Khayyam* significa fabricante de tiendas**, que pudo haber sido la profesión de sus antepasados.

FIBONACCI

Fibonacci cambió el mundo popularizando el uso de los números indoarábigos en Europa. También es famoso por la secuencia de números epónima.

¿QUIÉN FUE FIBONACCI?

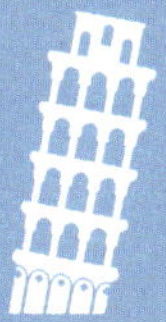

Nació en **Pisa**, Italia, en el año 1170, **hijo de un comerciante**.

Bautizado como **Leonardo**, más tarde fue conocido como ***filius* Bonacci («hijo de Bonacci»)**; de forma corta, Fibonacci.

El padre de Fibonacci, **Guglielmo Bonacci**, administraba un puesto comercial en Bugía, **Argelia**.

Fibonacci **viajó por el Mediterráneo**, aprendiendo sobre **sistemas aritméticos**.

En 1202 se publicó su libro ***Liber Abaci* (*Libro de cálculo*)**.

En 1225 se publicó su obra maestra ***Liber Quadratorum* (*Libro de cuadrados*)**.

Murió alrededor del año 1250 en Pisa.

EL GENIO DE FIBONACCI

Durante sus viajes, Fibonacci encontró varios **sistemas numéricos** y se dio cuenta de que los **números indoarábigos** (0–9) eran mucho **más flexibles que los números romanos**, y podían usarse en la **aritmética**, el **comercio**, el **cambio de divisas**, las **medidas**, y el cálculo de **intereses**. Sintetizó estos hallazgos en su libro *Liber Abaci*, el cual recibió elogios por toda Europa, donde muy pocas personas habían escuchado sobre los números indoarábigos.

SECUENCIA DE FIBONACCI

Intenta este problema de *Liber Abaci*. «Un hombre pone un par de conejos en un lugar cerrado. ¿Cuántos pares de conejos pueden producirse de ese par en un año, si cada mes cada par engendra un nuevo par, que a partir del segundo mes se vuelve productivo?»

La solución es:

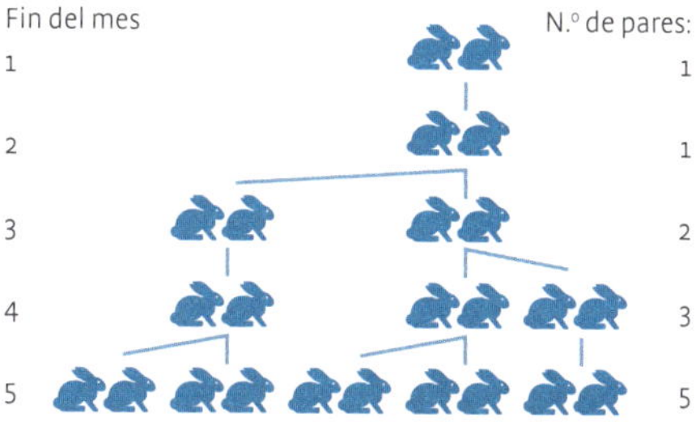

El número de conejos producidos forma una **secuencia de Fibonacci,** es decir, una lista donde **cada número es la suma de los dos que lo preceden**. Fibonacci no le puso su nombre a esta secuencia. Fue el matemático francés **Édouard Lucas** quien acuñó el término en el del siglo XIX. Los primeros números son: 1, 1, 2, 3, 5, 8, 13, 21, 34, 55, 89, 144 ...

El número de pares de conejos después de un año es, así, el décimo segundo número de la secuencia de Fibonacci; a saber, 144.

ECUACIONES CUADRÁTICAS

Resolver ecuaciones cuadráticas es bastante complicado. Pero más allá de estas, existen las cúbicas y las cuárticas, ecuaciones complejas que exigen fórmulas igualmente complejas para resolverse.

INICIOS ERA MODERNA

AÑO 628 El matemático indio de nombre Brahmagupta realiza la primera exposición de la fórmula cuadrática

1070 El erudito persa Omar Khayyam halla una forma de resolver ecuaciones cúbicas geométricamente

Inicios del siglo XVI Scipione del Ferro desarrolla una fórmula para resolver ecuaciones cúbicas

1540 El matemático italiano Lodovico Ferrari descubre la solución a las ecuaciones cuárticas

1824 Se demuestra el teorema de Abel-Ruffini, el cual establece que no hay soluciones algebraicas para ecuaciones de orden 5 y superior

LA FÓRMULA CÚBICA

Una ecuación cúbica comprende **potencias de enteros hasta x^3** y adopta la forma general

$$x^3 + ax^2 + bx + c = 0$$

Las soluciones pueden hallarse usando una fórmula. Primero se definen dos nuevas variables:

$$q = -\frac{a^3}{27} + \frac{ab}{6} - \frac{c}{2}$$

$$p = q^2 + \left(\frac{b}{3} - \frac{a^2}{9}\right)^3$$

Luego, en términos de estas cantidades, las soluciones a la ecuación original son,

$$x = \sqrt[3]{q + \sqrt{p}} + \sqrt[3]{q - \sqrt{p}} - \frac{a}{3}$$

y

$$x = \left(\frac{-1 \pm \sqrt{3}i}{2}\right)\sqrt[3]{q + \sqrt{p}} + \left(\frac{-1 \pm \sqrt{3}i}{2}\right)\sqrt[3]{q - \sqrt{p}} - \frac{a}{3}$$

donde i es el número imaginario base, igual a $\sqrt{-1}$.

LA FÓRMULA CUÁRTICA

La fórmula cuártica es **aun más complicada**.

Las ecuaciones cuárticas son las que comprenden **potencias de enteros hasta, e incluyendo x4**. Adoptan la forma general

$$x^4 + ax^3 + bx^2 + cx + d = 0.$$

Para resolverla, el primer paso es definir nuevas cantidades:

$$e = ac - 4d$$
$$f = 4bd - c^2 - a^2d$$

y luego usar la fórmula cúbica para hallar las soluciones de

$$y^3 - by^2 + ey + f = 0.$$

Tomamos la solución de valor real (es decir, sin parte imaginaria), y la igualamos a y. Luego definimos

$$g = \sqrt{(a^2 - 4b + y)}$$
$$h = \sqrt{(y^2 - 4d)}$$

Finalmente, las soluciones a la ecuación cuártica original (existen 4) vienen dadas por la resolución de las dos ecuaciones cuadráticas:

$$x^2 + \frac{1}{2}(a + g)\,x + \frac{1}{2}(y + h) = 0$$
$$x^2 + \frac{1}{2}(a - g)\,x + \frac{1}{2}(y - h) = 0$$

GEROLAMO CARDANO

Cardano, uno de los más grandes matemáticos del Renacimiento, introdujo los números negativos en el uso común y fue uno de los primeros en aplicar las matemáticas a los juegos de azar.

¿QUIÉN FUE CARDANO?

Hijo ilegítimo, nació en 1501, en **Pavia, Italia**. Su padre **Fazio Cardano** era amigo de **Leonardo da Vinci**.

Cardano estudió **medicina** en las universidades de Pavia y **Padua**.

Fue un **prolífico autor** y escribió obras sobre **matemáticas, ciencias**, y el **mundo natural**.

Cardano tuvo **tres hijos**, uno de los cuales fue **decapitado por envenenar a su esposa**.

Cardano era un **jugador obsesivo** y jugaba a las **cartas, dados**, y **ajedrez** por dinero.

Murió en 1576, en Italia.

EL PODER DE LOS NÚMEROS NEGATIVOS

Un número negativo es **menor a cero**. La existencia de estos enteros es indiscutida en tiempos modernos, pero **por siglos, incluso los grandes matemáticos los consideraban discutibles, falsos, o totalmente absurdos**.

Cardano publicó su funcionamiento en la obra maestra, ***Ars Magna*** (1545), un tratado de 45 capítulos sobre el álgebra. La obra fue altamente exitosa y los **matemáticos comenzaron a aceptar la legitimidad de los números negativos**.

NÚMEROS NEGATIVOS EN LA VIDA COTIDIANA

Profundidad bajo el nivel del mar.

Temperaturas bajo cero.

Latitudes debajo del ecuador.

Estados de cuenta, ¡cuando están en rojo!

¿SABÍAS?

Cardano jugaba para mejorar sus ingresos. Escribió un libro sobre probabilidades, ***Liber de Ludo Aleae*** **(*Sobre lanzar los dados*)**.

NÚMEROS IMAGINARIOS

A pesar de su nombre, los números imaginarios son tan reales como cualquier otra entidad matemática. En la actualidad, son usados en campos como la ingeniería, las matemáticas puras, y la física.

RAÍZ DE TODOS LOS MALES

Imagina que debes resolver la ecuación $x^2 = -1$. Sacarías la raíz cuadrada de ambos lados para obtener una expresión para x, pero en este caso obtendrías $x = \sqrt{(-1)}$. El problema es que **la raíz cuadrada de un número negativo no existe. Si se eleva cualquier número al cuadrado, se obtiene una cantidad positiva**.

LA UNIDAD IMAGINARIA

En lugar de desestimar dichos casos como curiosidades inútiles, los matemáticos crearon la entidad i para denotar $\sqrt{(-1)}$, y luego trataron este número como cualquier otro. Este tiene las propiedades,

i^2	-1
i^3	-i
i^4	1
i^5	i
i^6	-1

Usando i, se puede escribir la raíz cuadrada de cualquier número negativo. Por ejemplo, $\sqrt{(-16)} = \sqrt{16} \times \sqrt{(-1)} = 4i$.

NÚMEROS COMPLEJOS

En las matemáticas modernas, los números pueden tener partes tanto reales como imaginarias. Estos, son llamados números complejos. Por lo general, se representan en un plano 2D, correspondiendo el eje vertical a la parte imaginaria y la parte real se representa horizontalmente. Entonces, el número complejo 4 + 3i, se vería así:

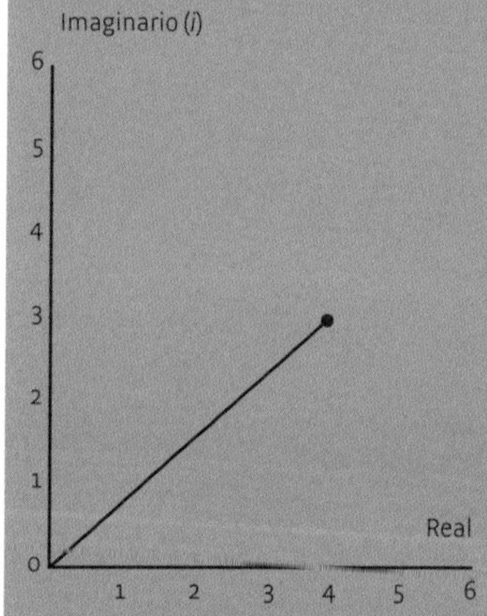

Esta representación geométrica es el **diagrama de Argand**, nombrado así en honor al **matemático suizo Jean-Robert Argand**.

1572 El matemático italiano Rafael Bombelli establece las reglas que rigen a los números imaginarios

1637 Descartes escribe sobre los números imaginarios en su libro *La Géométrie*

1748 Euler demuestra cómo los números complejos pueden usarse para representar ondas

1777 Leonhard Euler es el primero en usar el símbolo i para denotar $\sqrt{(-1)}$

1843 William Rowan Hamilton extiende los números complejos en 2D a «cuaterniones» en 4D

i, j, k

CONJETURA DE KEPLER

¿Cuál es la manera más eficiente de apilar manzanas en una caja? El alemán Johannes Kepler tuvo una buena idea para esto, aunque se tardó más de 400 años en que sus sospechas se dieran por ciertas.

ESENCIA DEL PROBLEMA

Coloca un conjunto de esferas aleatoriamente dentro de una caja y se acomodarán de tal forma que las esferas ocuparán cerca de 0,65 del volumen de la caja (mientras que el espacio entre ellas ocupa el 0,35 restante).

Sin embargo, es posible hacerlo mejor. Si apilas las esferas con cuidado en configuración cúbica centrada en las caras (fcc), o de empaquetamiento compacto hexagonal (hcp), entonces se puede hacer que ocupen

$$\frac{\pi}{3\sqrt{2}} = 0{,}740480489...$$

del volumen disponible de la caja.

La conjetura de Kepler afirma que esto es lo mejor que se puede hacer; es decir, no existe una manera más eficiente de colocar esferas.

Disposición cúbica centrada en las caras (izquierda), y de empaquetamiento compacto hexagonal (derecha).

¿QUIÉN FUE KEPLER?

Nació el 27 de diciembre de 1571, en Weil der Stadt, Alemania.

Kepler es nombrado matemático imperial del Sacro Emperador Romano Rodolfo II en 1601.

Publica la primera de sus leyes sobre el movimiento planetario en 1609.

Propone la conjetura de Kepler en 1611 como parte de un trabajo sobre la simetría hexagonal de los copos de nieve.

Murió el 15 de noviembre de 1630, en Ratisbona, Alemania.

¿CÓMO SE DEMOSTRÓ?

En agosto de 2014, la conjetura finalmente fue demostrada por Thomas Hales, de la Universidad de Pittsburgh, trabajando con un equipo de 21 personas más. Fue esencialmente una «prueba por agotamiento»,mediante la cual el volumen de cada disposición posible de esferas se verificó por ordenador.

JOHN NAPIER

Este brillante matemático y físico escocés descubrió los logaritmos y desarrolló un incipiente dispositivo de cálculo.

¿QUIÉN FUE JOHN NAPIER?

Napier nació en **Edinburgo**, en 1550, hijo de **Sir Archibald Napier**.

Recibió educación en la **Universidad de St Andrews** y en Europa.

Napier vivió en **castillos** en **Gartness, Stirling**, y **Merchiston, Edinburgo**.

Sus intereses incluían las **matemáticas**, la **teología** y **las ciencias ocultas**.

Murió en Edinburgo, en 1617.

INVENCIÓN DE LOS LOGARITMOS

Como terrateniente escocés, Napier tenía tiempo, el cual dedicó al estudio de las matemáticas. Descubrió los **logaritmos**, y fue el **primero en explicarlos y tabularlos** en su trabajo pionero ***Mirifici Logarithmorum Canonis Descriptio* (*Descripción del Maravilloso Canon de los Logaritmos*, 1614)**. Estos expresan **la potencia a la cual un número tiene que ser elevado para obtener otro número**. Por ejemplo, $10^2 = 100$. Por lo tanto, log «base» 10 de 100 = 2.

LOS HUESOS DE NAPIER

Los huesos o varillas de Napier, era **una incipiente máquina mecánica para calcular,** la cual tenía tablas de multiplicación incrustadas en varillas de madera. Incluso podía calcular raíces cuadradas. Por ejemplo, para multiplicar 425 por 6, se tomaban las varillas para el 4, 2 y 5 y luego se leía la hilera correspondiente al número 6:

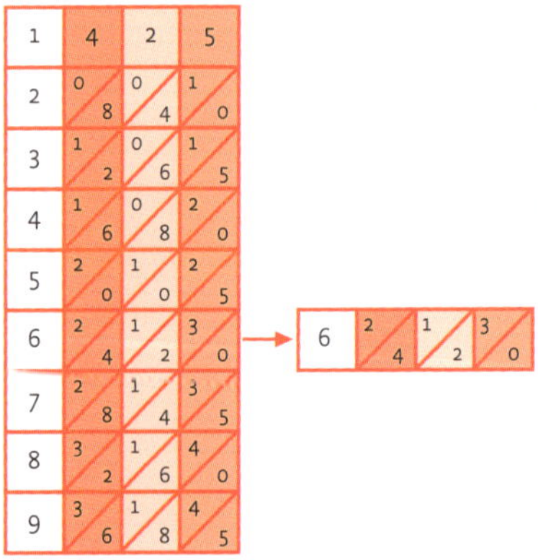

Luego, sumando las diagonales se obtenía la respuesta. En este caso, 6 × 425 = 2550:

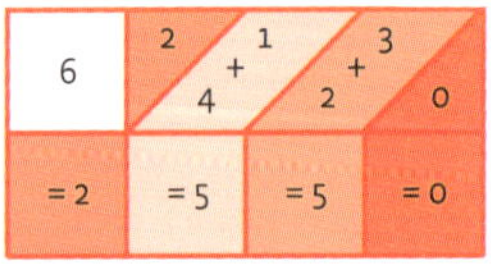

¿SABÍAS QUE...?

El cráter lunar Neper lleva el nombre de Napier (la forma de su nombre en latín, Ioannes Neper).

Napier usó el punto como marca decimal en sus tablas de logaritmos, con lo cual se hizo común su uso matemático.

Hoy en día, Universidad Napier de Edimburgo lleva el nombre de este gran hombre.

LOGARITMOS

Los logaritmos son lo opuesto a elevar un número a una potencia. Sus aplicaciones en las matemáticas y las ciencias son diversas.

¿QUÉ ES UN LOGARITMO?

La ley de potencias, dada por la ecuación $y = b^x$, puede invertirse y escribirse como $x = \log_b y$. En otras palabras, $\log_b$ (que se lee «logaritmo base b»), indica la potencia a la cual b debe elevarse para obtener y. El matemático escocés John Napier los introdujo a inicios del siglo XVII.

LEYES DE LOS LOGARITMOS

Los logaritmos obedecen algunas reglas bastante útiles:

Productos:	$\log A + \log B = \log AB$
Razones:	$\log A - \log B = \log \frac{A}{B}$
Potencias:	$\log A^n = n \log A$
Raíces:	$\log\sqrt[n]{(n)} = \frac{1}{n}\log A$
Cambios de base:	$\log_b A = \log_n A / \log_n b$

APLICACIONES

Los logaritmos surgen en la ciencia como una forma práctica de manejar números enormes.

La respuesta de los sentidos a los estímulos es logarítmica.

Por eso, las escalas para medir niveles de luz y sonido son logarítmicas. Un incremento de 10 en el número de decibelios, es 10 veces más potente. Significa que si la potencia del sonido se incrementa de Po a P, el incremento de decibelios es $10 \log_{10}(P/P_0)$.

Los logaritmos también existen en la naturaleza. En la «espiral logarítmica», el radio de la curva espiral se incrementa en un factor fijo (A), en lugar de en una cantidad fija (B), a cada vuelta.

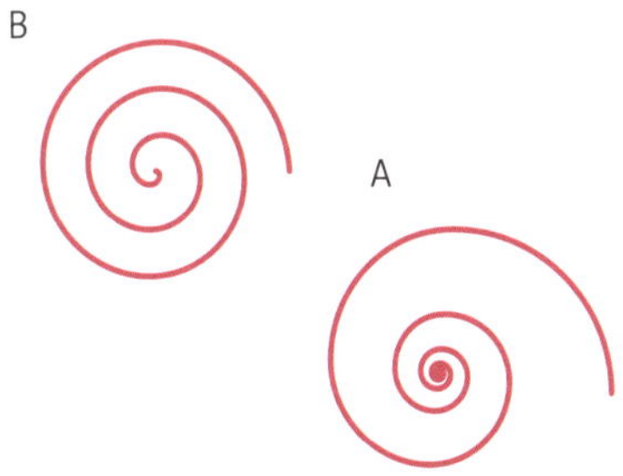

Las espirales logarítmicas se aprecian en las conchas del nautilus, un molusco marino, y en los brazos espirales de las galaxias.

¿POR QUÉ?

Los logaritmos son útiles al resolver ecuaciones para las cuales el exponente (o la potencia) es la cantidad desconocida que se pretende hallar.

Por ejemplo, si se nos pide para $10^x = 100$, buscar x, entonces podemos decir que $x = \log_{10} 100$. Y consultando un conjunto de tablas de logaritmos (o mejor, una calculadora electrónica) hallamos que $\log_{10} 100 = 2$.

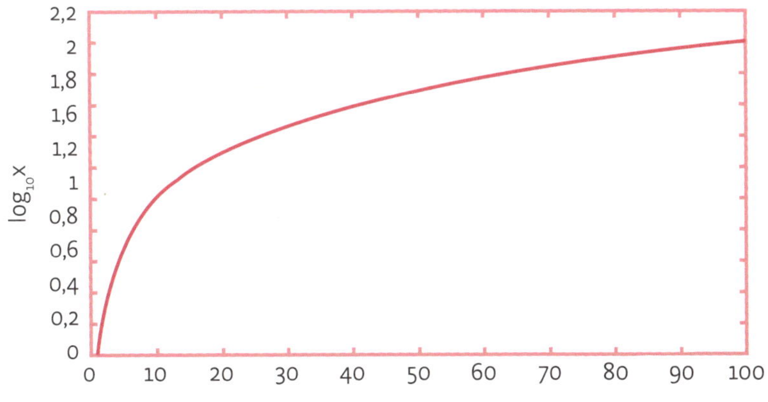

INICIOS ERA MODERNA

NÚMERO DE EULER

El número de Euler es una constante matemática que se presenta de inicio a fin en las matemáticas puras y forma la base de los famosos «logaritmos naturales».

¿QUÉ ES?

El número de Euler es una constante matemática, escrita por lo general como e (después de que **Leonhard Euler introdujera la notación en 1731**), y toma el valor de 2,71828 ... Como muchas otras constantes matemáticas, es una aproximación, ya que e es un **número trascendente** con un **número infinito de dígitos**.

e^0	1,0000000000000
e^1	2,7182818284590
e^2	7,3890560989304
e^3	20,085536923186
e^4	54.598150033138
e^5	148,41315910255
e^6	403,42879349265
e^7	1.096,6331584282
e^8	2.980,9579870409
e^9	8.103,0839275729
e^{10}	22.026,265794799
e^{11}	59.874,141715175
e^{12}	162.754,79141893
e^{13}	442.413,39200871
e^{14}	1.202.604,2841641
e^{15}	3.269.017,3724702
e^{16}	8.886.110,5205025
e^{17}	24.154.952,753560
e^{18}	65.659.969,137287
e^{19}	178.482.300,96306
e^{20}	485.165.195,40943
e^{21}	1.318.815.734,4822
e^{22}	3.584.912.846,1287
e^{23}	9.744.803.446,2408
e^{24}	26.489.122.129,821
e^{25}	72.004.899.337,323
e^{26}	195.729.609.428,66
e^{27}	532.048.240.601,30
e^{28}	1.446.257.064.290,0
e^{29}	3.931.334.297.139,9
e^{30}	10.686.474.581,513
e^{31}	29.048.849.665,215
e^{32}	78.962.960.182,591

DESCUBRIMIENTO

El número de Euler fue descubierto en 1683 por el matemático suizo **Jacob Bernoulli**, en un estudio de **interés compuesto**.

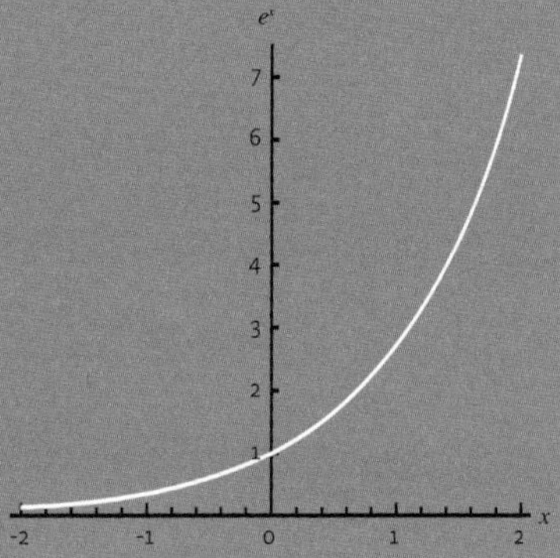

Dedujo que si pones \$1 en un banco que paga un interés anual de 100 por ciento una vez al año, después de un año tienes $(1 + 1)^1 = \$2$.
Si la tasa anual es la misma pero se calcula bianualmente, entonces después de un año tienes $(1 + 1/2)^2 = \$2{,}25$. En general, si te pagan n veces por año, entonces después de doce meses tienes $(1 + 1/n)^n$. Y a medida que n se hace muy grande, tiende a \$2,71828 ..., o e.

LOGARITMO NATURAL

En esencia, un logaritmo natural es exactamente **como un logaritmo ordinario, pero con base e**. El logaritmo natural de un número, x, por lo general se escribe $\log_e x$ o ln x.

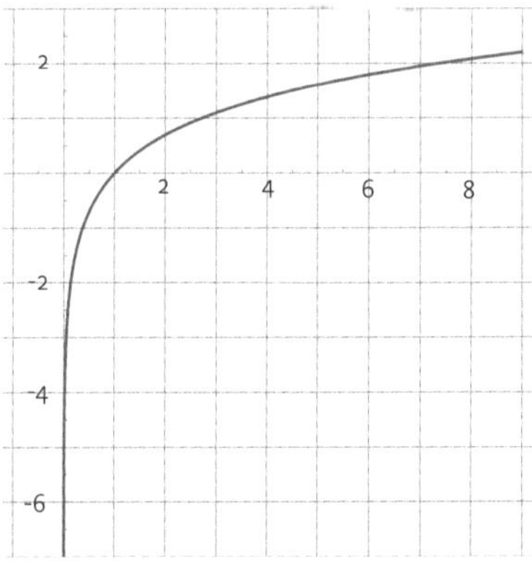

El matemático inglés John Speidell fue el primero en dibujar **las tablas de los logaritmos naturales en 1619**.

Los logaritmos naturales y e también aparecen en el **cálculo**, la rama de las matemáticas que analiza **la manera en que las cantidades cambian con relación a sí mismas**.

RENÉ DESCARTES

Más conocido como filósofo («Pienso, luego, existo»), Descartes también fue un brillante matemático, cuyo trabajo determinó el curso de las matemáticas en tiempos modernos.

¿QUIÉN FUE DESCARTES?

René Descartes nació en **La Haye en Touraine**, Francia, en 1596. El pueblo fue renombrado en su honor.

Estudió **leyes** en la **Universidad de Poitiers**.

En 1618, se alistó en el **ejército de los estados neerlandeses**.

Como un **hombre acaudalado**, Descartes podía **dedicar su vida al estudio**.

En 1650, murió de **pulmonía** en Estocolmo.

GEOMETRÍA ANALÍTICA

En 1637 se publicó su obra clave, *La Géométrie*, en la cual **propuso por primera vez el uso de coordenadas, permitiendo especificar curvas geométricas algebraicamente**. Esto fue innovador en su tiempo y **permitió la resolución de problemas geométricos previamente considerados imposibles**.

OTROS TRABAJOS

Descartes contribuyó a la ciencia de la óptica, usando técnicas geométricas para demostrar resultados en reflexión y refracción.

También se cree que fue una de las principales fuentes de inspiración para el joven Isaac Newton.

¿SABÍAS?

Descartes usó las letras x, y, z para expresar cantidades desconocidas, dándonos el sistema que reconocemos hoy. Expresaba los valores conocidos como a, b, y c.

Fue el primero en proponer el uso de la notación exponencial, como a^3 en lugar de $a \times a \times a$.

Descartes puso de manifiesto el lugar fundamental del álgebra en las matemáticas. Antes de esto, la geometría lo superaba en importancia.

Su trabajo formó la base del cálculo de Newton y Leibniz.

COORDENADAS CARTESIANAS

Las coordenadas cartesianas permitieron que las formas geométricas se expresaran numéricamente. En la actualidad, estas medidas se usan en la navegación, la ingeniería y los vuelos espaciales.

DE GEOMETRÍA AL ÁLGEBRA

En 1637, se publicó el libro de **René Descartes,** *La Géométrie*. En él, Descartes presentó por primera vez las coordenadas. Se dio cuenta que **un punto en un plano 2-D podía describirse usando sus ubicaciones horizontal (x) y vertical (y)**. Las coordenadas de un punto se escriben (x, y).

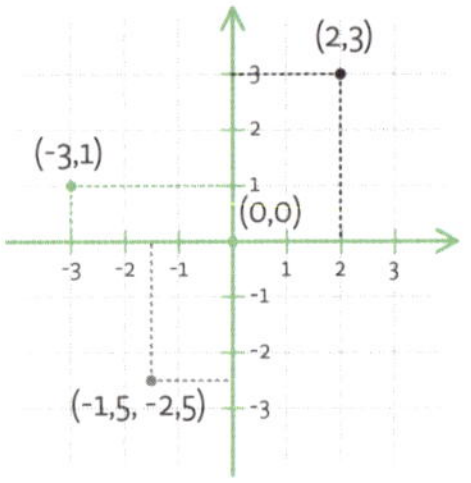

Luego, se pueden trazar líneas o curvas con base en ecuaciones algebraicas, una práctica conocida como geometría analítica. Por ejemplo, la ecuación y = 2x + 3 describe una línea recta que pasa por los puntos (–2, –1) y (2, 7)...

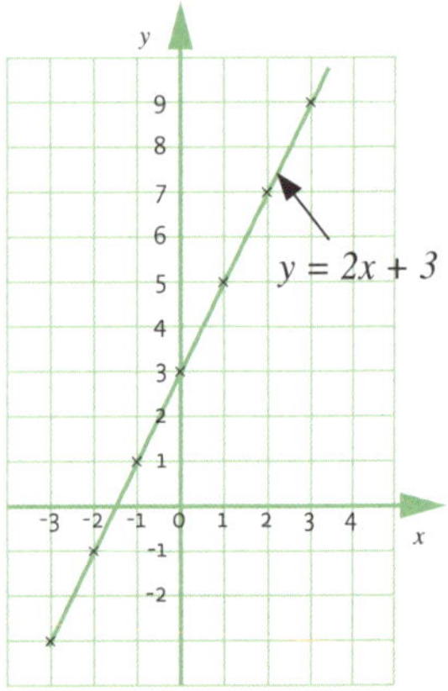

VECTORES

Así como la posición, el formalismo de Descartes permitió expresar cantidades tanto con magnitud y dirección. Así, por ejemplo, la velocidad de una barca moviéndose a cuatro nudos en la dirección x y 3 nudos en la dirección y puede denotarse como (4, 3). A esto se le llama **vector**.

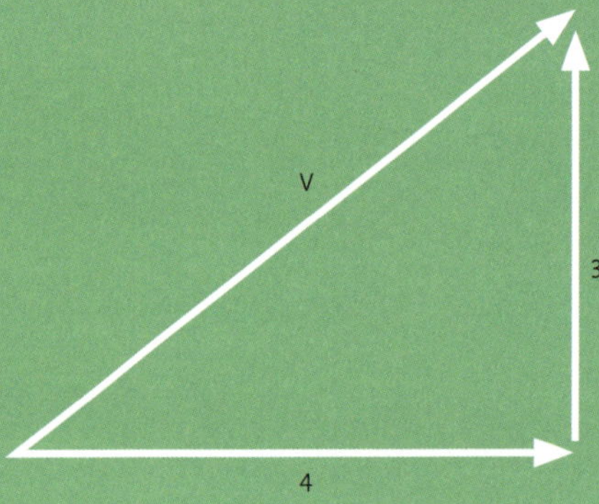

El teorema de Pitágoras permite calcular la velocidad general de la nave: $V = \sqrt{(4^2 + 3^2)} = 5$ nudos.

¿SABÍAS?

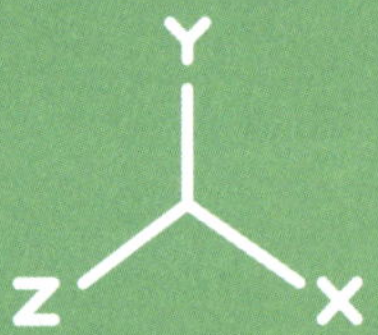

En el espacio **3-D**, las coordenadas cartesianas se complementan con una dirección extra, llamada z.

(r, θ)

Después, vinieron otros sistemas de coordenadas como las coordenadas polares, donde la posición se especifica por una distancia y un ángulo.

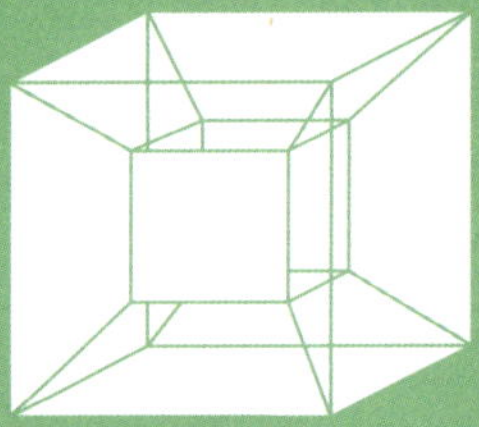

La geometría analítica permitió que se estudiaran los espacios en cualquier número de dimensiones, más allá de las tres que podemos "visualizar" fácilmente.

PIERRE DE FERMAT

Fermat fue un abogado y político del siglo XVII. Le fascinaban las matemáticas y las ciencias. Realizó algunas de las primeras investigaciones sobre el cálculo, la teoría de números, y el comportamiento de la luz.

¿QUIÉN FUE PIERRE DE FERMAT?

Nació el 17 de agosto de 1601, en Beaumont de Lomagne, Francia.

Estudió derecho en la Universidad de Orléans.

Trabajó en el parlamento local.

Coetáneos: René Descartes y Blaise Pascal.

Intereses: geometría, teoría de probabilidades, cálculo, ciencias, literatura y lenguas.

Murió el 12 de enero de 1665, en Castres.

GENIO EN SU TRABAJO

Fermat tenía una increíble sed de conocimiento. No solo era abogado, sino que también hablaba seis lenguas extranjeras. Las matemáticas eran su principal pasatiempo. Comunicaba sus teoremas por medio de cartas a sus amigos o colegas, como **Blaise Pascal**, quien compartía su interés por la teoría de números. Por razones desconocidas, Fermat era reacio a publicar su prolífico trabajo, lo cual limitó su influencia.

DESCUBRIMIENTOS DESTACADOS

Geometría analítica: Fermat cofundó (con **Descartes**) este poderoso campo, el cual describe numéricamente las formas geométricas. Ahora se usa en ciencia espacial, aviación e ingeniería.

Principio de Fermat: En 1622, Fermat estableció el "principio del tiempo mínimo", que decía que un rayo de luz que viaja entre dos puntos de un sistema de espejos y lentes tomará el camino más rápido.

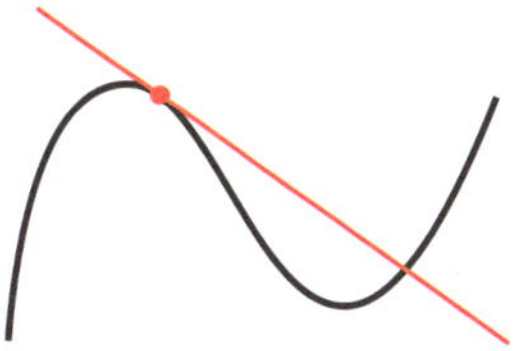

Cálculo diferencial: Fermat desarrolló un método para hallar tangentes a curvas. **Sir Isaac Newton** y **Gottfried Leibniz** desarrollaron posteriormente el cálculo diferencial.

Último Teorema de Fermat: Conjeturó en 1637 que no existen tres enteros positivos a, b, y c que satisfagan la ecuación $a^n + b^n = c^n$ donde n es mayor a 2. No se demostró hasta 1994.

ÚLTIMO TEOREMA DE FERMAT

En el siglo XVII, Pierre de Fermat planteó un teorema, pero no presentó cálculos que lo respaldaran. Tomó más de 350 años demostrar que estaba en lo correcto.

EL TEOREMA

El teorema establece que la ecuación diofantina

$$a^n + b^n = c^n$$

no puede ser satisfecha por ningún conjunto de enteros positivos a, b, y c, cuando la potencia n es un entero mayor a 2.

Cuando n = 1 el problema es trivial, y cuando n = 2 las soluciones son simplemente las ternas pitagóricas.

EL MISTERIO

?

En 1637, Fermat bosquejó el teorema en el margen de su copia de *Arithmetica*, de Diophanto, con la afirmación de haber hallado una solución "realmente maravillosa" (para la cual el margen era muy pequeño). Sin embargo, tras su muerte en 1665, esto no se pudo probar. La afirmación se bautizó como "El Último Teorema de Fermat" y comenzó la carrera para probarlo.

CASOS ESPECIALES

Fermat sí presentó evidencia para el caso cuando n = 4, y posteriormente se mostró evidencia de otros casos especiales...

n	Autor	Fecha
4	Fermat	Siglo XVII
3	Euler	1770
5	Legendre y Dirichlet (independientemente)	1825
6	C.F. Kausler	1802
14	Dirichlet	1832
7	Gabriel Lame	1839
10	H. Kapferer	1913

SOLUCIÓN GENERAL

$y^2 = x^3 - 1$ $\quad$ $y^2 = x^3 + 1$ $\quad$ $y^2 = x^3 - 3x + 3$ $\quad$ $y^2 = x^3 - 4x$ $\quad$ $y^2 = x^3 - x$

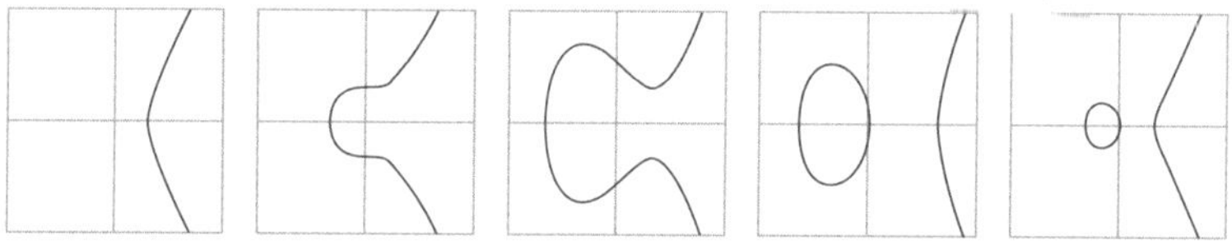

El **teorema lo demostró** después arbitrariamente el matemático británico **Andrew Wiles**, con ayuda de su antiguo **alumno Richard Taylor**, en 1994. Wiles utilizó un método basado en el **"teorema de modularidad"** para curvas elípticas. La demostración se presentó en la publicación **Annals of Mathematics en 1995**, 358 años después de la afirmación original de Fermat.

BLAISE PASCAL

Pascal vivió una vida corta, plagada de enfermedades, pero cambió el mundo con obras sobre teoría de probabilidades, geometría y el triángulo de Pascal, e inventó la primera calculadora funcional de la historia.

19 de junio de 1623 Nace en Clermont-Ferrand, Francia. Su padre, Étienne, fue un respetado matemático y también juez de la corte fiscal de la ciudad

1640 A los 16, Pascal publica su *Essai pour les Coniques* (Ensayo sobre las secciones cónicas), que incluía el teorema de Pascal

1645 Después de trabajar en 50 prototipos, Pascal presenta su calculadora al público

1654 Colabora con Pierre de Fermat en la teoría matemática de las probabilidades, relacionadas con el juego

19 de agosto de 1662 A los 39 años, muere tras sufrir lo que probablemente fuera meningitis y úlcera estomacal

CONTRIBUCIONES A LA CIENCIA

LEY DE PASCAL

Pascal inventó la primera prensa hidráulica y la jeringuilla.

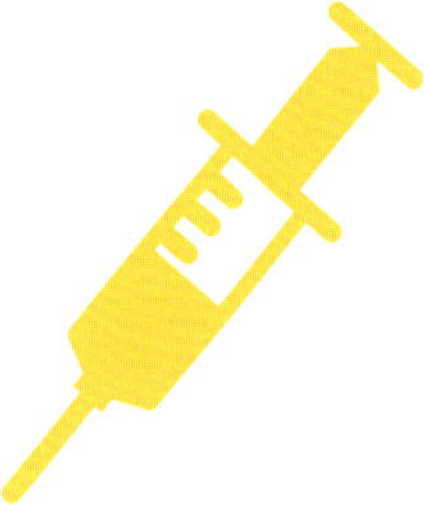

Formuló la ley de Pascal, que dice que en un fluido en reposo dentro un recipiente, el cambio de presión en una parte se transmite sin pérdida a las paredes del recipiente.

Luego, se nombró **Pascal** a la unidad de presión del sistema métrico.

TEOREMA DE PASCAL

Pascal halló que si 6 puntos arbitrarios de una "cónica" (una clase de curva, cuyo ejemplo más sencillo es una elipse) se unen con líneas rectas en un orden arbitrario, entonces los puntos de cruce de las líneas forman una línea recta. A esta se le llama la "línea de Pascal".

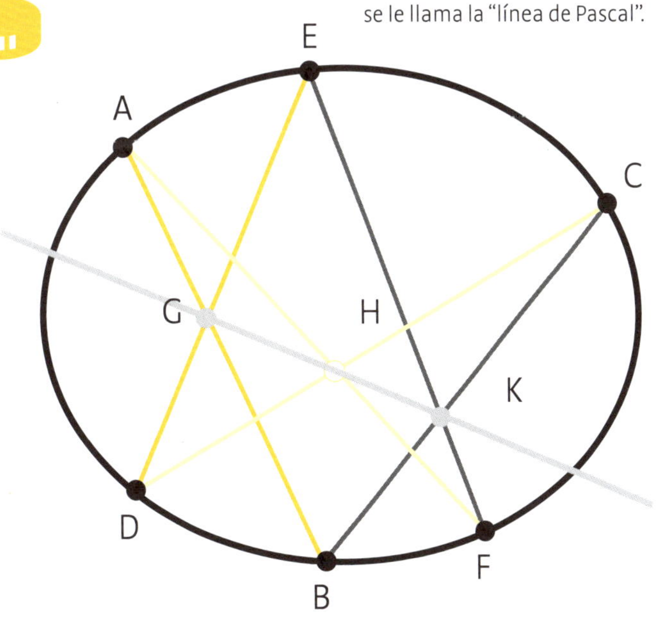

CALCULADORA DE PASCAL

Este mecanismo era una caja de madera portátil que tenía 8 discos giratorios metálicos con los dígitos del 0 al 9. Los discos podían rotarse para sumar y restar, dando cifras de hasta 8 dígitos, las cuales aparecen en cajas en la parte superior.

TRIÁNGULO DE PASCAL

El triángulo de Pascal es una disposición de números con una variedad de patrones y aparentes conexiones mágicas a otras ramas de las matemáticas.

HAZ EL TUYO

Para construirlo, comienza con un 1 en la fila superior. Los números de las siguientes filas son la suma de los dos números **que están directamente arriba de ese**; y todos los extremos tienen el valor de **1**.

NÚMEROS NATURALES

Si te mueves hacia bajo de forma paralela a los extremos, por las secuencias inmediatas a estos, **verás los números naturales** (es decir, los enteros positivos, 1, 2, 3, 4, 5).

NÚMEROS TRIANGULARES

La siguiente secuencia diagonal interior, después de la de los números naturales, da números triangulares (formados al sumar los puntos de un triángulo con un número creciente de hileras), 1, 3, 6, 10 ...

FIBONACCI

La suma de diagonales ligeramente desviadas produce la **secuencia de Fibonacci**.

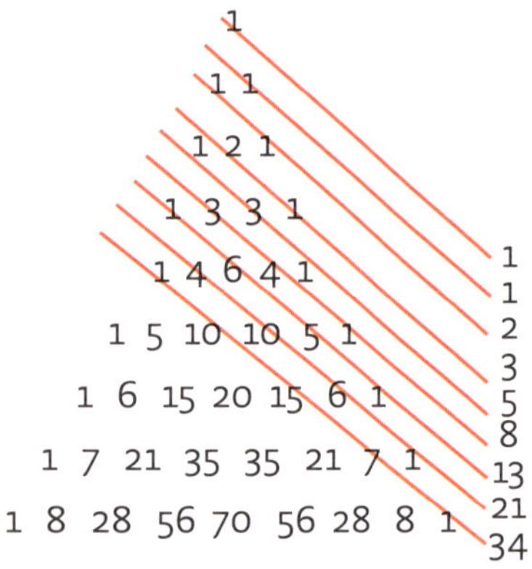

DESARROLLO DE BINOMIOS

La operación $(1 + x)^2$, es $1 + 2x + x^2$. Igualmente, $(1 + x)^3$ es $1 + 3x + 3x^2 + x^3$. Si se denomina hilera 0 a la cúspide del triángulo de Pascal, **en general, el desarrollo de $(1 + x)^n$ contendrá potencias ascendentes de x, cada una multiplicada por los números de la enésima hilera del triángulo**.

$(1 + x)^2 = 1 + 2x + x^2$

$(1 + x)^3 = 1 + 3x + 3x^2 + x^3$

$(1 + x)^4 = 1 + 4x + 6x^2 + 4x^3 + x^4$

$(1 + x)^5 = 1 + 5x + 10x^2 + 10x^3 + 5x^4 + x^5$

$(1 + x)^6 = 1 + 6x + 15x^2 + 20x^3 + 15x^4 + 6x^5 + x^6$

COMBINATORIA

Si la punta del triángulo es la hilera 0, y el extremo izquierdo es la columna 0, entonces el número de formas de elegir k objetos a partir de n está dado por la hilera n columna k. Por ejemplo, hay 6 maneras únicas de sacar 2 canicas de un saco con 4, como lo determina la columna 2, hilera 4.

CONOCIMIENTO ANTIGUO

Aunque se le puso el nombre del matemático francés del siglo XVII Blaise Pascal, el triángulo lo conocían los matemáticos persas, incluyendo a Omar Khayyam, ya desde el siglo XI.

PROBABILIDAD

La probabilidad, como una manera de controlar los resultados de eventos aleatorios, pueden usarla jugadores, físicos y cualquier persona que necesite decidir si hoy debe llevar un paraguas.

$$P(X) = \frac{\text{Número de escenarios donde ocurre X}}{\text{Número total de posibles escenarios}}$$

1650s Fermat, Pascal, Cardano, y Huygens establecen las bases de la teoría de la probabilidad

1718 Se publica *La doctrina de las probabilidades*, de Abraham de Moivre

1761 Se demuestra el teorema de Bayes sobre probabilidad condicional

1812 Pierre-Simon Laplace publica su libro *Teoría analítica de las probabilidades*

1859 James Clerk Maxwell formula las primeras ideas en mecánica estadística, aplicando las probabilidades a la física

HAZ TU APUESTA

Lanza una moneda al aire y la probabilidad de que caiga cara o cruz es de ½, o 0,5 en ambos casos.

Lanza un dado de seis lados y la probabilidad de que salga cualquiera de los números es de 1/6, o 0,167.

En general, la probabilidad de que ocurra algún evento X, denotada como P(X), está dada por

P(X) = (Número de escenarios posibles en que ocurre X)/(Número total de escenarios posibles)

Por ejemplo, si lanzas dos dados de seis lados, existen 36 posibles resultados, todos con la misma probabilidad.

	1	2	3	4	5	6
1	2	3	4	5	6	7
2	3	4	5	6	7	8
3	4	5	6	7	8	9
4	5	6	7	8	9	10
5	6	7	8	9	10	11
6	7	8	9	10	11	12

De estos, seis resultados suman 7. Entonces, la probabilidad de obtener 7 es 6/36 = 1/6. Por otra parte, la probabilidad de obtener 10 es solo de 3/36 (puesto que solo existen tres maneras de hacer esto) = 1/12 .

REGLAS DE PROBABILIDAD

Si dos eventos son **independientes**; es decir, que uno no tiene influencia en el otro, entonces, la probabilidad de que ambos ocurran se da por la multiplicación de sus probabilidades individuales.

$$P(X \text{ y } Y) = P(X) \times P(Y)$$

Por otra parte, si dos eventos son mutuamente excluyentes, lo que significa que uno descarta al otro, entonces la probabilidad de que ocurra uno, o el otro, se da sumando sus probabilidades individuales.

$$P(X \text{ o } Y) = P(X) + P(Y)$$

INFINITO

El infinito es más que solo un número muy grande. Los matemáticos han pasado siglos batallando con sus sutilezas y locas paradojas.

Siglo VI A. C. El filósofo griego Anaximandro sugiere la noción de infinito

Siglo V A. C. Eudoxo de Cnido cita lo opuesto al infinito, lo infinitesimalmente pequeño

δ

Siglo IV A. C. Los antiguos griegos Platón y Aristóteles aborrecen la noción de infinito

1657 John Wallis presenta el "nudo del amor" como el símbolo del infinito

∞

1874 Cantor realiza su obra sobre el concepto del infinito y la cardinalidad

ℵ

¿QUÉ ES EL INFINITO?

El infinito no se comporta como podrías esperar. Piensa en el número más grande que se te ocurra. Ahora súmale 1. Este nuevo número es una unidad mayor que el número que tenías antes. **No obstante, $\infty + 1$ sigue siendo solo ∞.**

∞

CARDINALIDAD

ℵ

El matemático alemán **Georg Cantor** demostró que existen diferentes niveles de infinito. Los dividió de acuerdo con lo que llamó "cardinalidad," representada por la letra hebrea ℵ ("aleph").

1,2,3...

El nivel inferior es $\aleph_0$, y contiene todos los enteros, los números nones y pares. Estos se conocen como los "números contables". **Aunque podrías pensar que el infinito de los números nones y pares debería ser del doble de tamaño que el infinito de los enteros, extrañamente, son iguales.**

1/2, 1/3, 1/4...

Cantor demostró que las fracciones racionales también residen en $\aleph_0$.

Existen niveles mayores de ℵ para clasificar infinitos mayores.

Los números irracionales como π, e, $\sqrt{2}$ forman el "continuo" y tienen una cardinalidad alucinante de $2^{\aleph_1}$.

CÁLCULO

El cálculo es un método de análisis relacionado con la obtención de los gradientes del área bajo una curva matemática. Tiene aplicaciones en todo, desde la física cuántica hasta la economía.

DIFERENCIACIÓN

Imagina que conduces por una colina. Mientras más inclinada sea la pendiente, o "gradiente" de esta, mayor será el esfuerzo del motor de tu coche para subir.

La diferenciación es una técnica matemática que calcula el gradiente de una curva. Es equivalente a hallar la tangente, que es la línea recta que toca la curva en cualquier punto de su longitud.

CÓMO FUNCIONA

Si tienes una ecuación $y = x^n$, entonces el gradiente lo da nx^{n-1}. El gradiente de y con respecto a x se escribe expresado $\frac{dy}{dx}$, que es una notación que **Gottfried Leibniz** propuso. Algunas funciones matemáticas diferenciadas comunes son ...

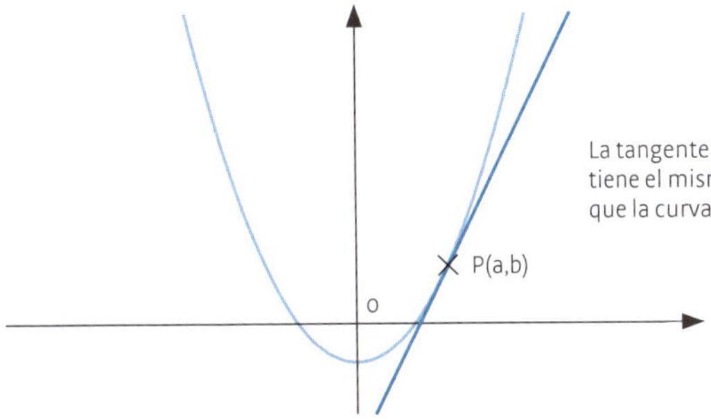

La tangente a la curva en P tiene el mismo gradiente que la curva en ese punto.

$$\frac{d}{dx} n = 0$$

$$\frac{d}{dx} x = 1$$

$$\frac{d}{dx} x^n = nx^{n-1}$$

$$\frac{d}{dx} e^x = e^x$$

$$\frac{d}{dx} \ln x = \frac{1}{x}$$

$$\frac{d}{dx} n^x = n^x \ln x$$

$$\frac{d}{dx} \sin x = \cos x$$

$$\frac{d}{dx} \cos x = \sin x$$

INTEGRACIÓN

Lo inverso es la integración. La integral de una ecuación da el área total bajo la curva. Funciona de forma exactamente opuesta a la diferenciación. Así, si $y = x^n$, la integral de y es

$$\int y\, dx = \int x^n dx = \frac{x^{n+1}}{n+1} + C$$

Donde *dx* denota que la integración se realiza con respecto a *x*, y *C* es una constante numérica que debe añadirse generalmente (y que desaparece cuando se vuelve a diferenciar para volver a la ecuación original).

APLICACIONES

Mínimos y máximos: la diferenciación se usa para encontrar los valores máximos y mínimos de una función.

Área y volumen: la integración puede usarse para calcular áreas y volúmenes de formas y sólidos.

Dinámica: el cálculo se aplica extensivamente a la física de los fenómenos que cambian con el tiempo.

Análisis numérico: el cálculo de la pendiente de una función se usa para hallar soluciones numéricas, por lo general con ayuda de un ordenador.

GOTTFRIED WILHELM LEIBNIZ

Leibniz, un erudito, fue el primer estudioso en publicar una teoría del cálculo También realizó contribuciones a la geometría, la topología y la resolución de ecuaciones.

1 de julio de **1646** Leibniz nace en Leipzig, Sajonia, donde su padre era profesor de filosofía moral. Niño prodigio, disfrutaba fisgar en la biblioteca de obras filosóficas de su padre.

1661 A los 14 años se inscribe en la Universidad de Leipzig para estudiar filosofía. Un año más tarde se gradúa, antes de completar su maestría en 1664. También estudió derecho.

1666 Leibniz inicia una larga carrera como funcionario político y diplomático, trabajando por Europa. Mientras vivía en París, aprendió por su cuenta matemáticas y física.

1673 Leibniz trabaja en el prototipo de una máquina calculadora que podía sumar, restar, multiplicar y dividir. Durante su estancia en Londres, hace una demostración a la Sociedad Real, lo que le permite convertirse rápidamente en miembro de esta.

1675 Leibniz desarrolla su propia versión del cálculo integral y diferencial

1684 Leibniz publica sus hallazgos sobre el cálculo, en el libro *Nova Methodus pro Maximis et Minimis.* En obras posteriores, reconoció la contribución que Newton había hecho a este campo

1712 Surge una polémica en torno a la invención del cálculo. Un grupo de estudiosos acusa a Leibniz de plagiar la obra de Newton. Newton pudo estar detrás de esto.

14 de noviembre de **1716** Leibniz nunca se recupera de la difamación y muere en Hannover a los 70 años. En la posteridad, tanto a Leibniz como a Newton se les da el crédito de inventar el cálculo. Sin embargo, la notación de Leibnizse prefirió por encima de la de Newton y sigue en uso en la actualidad.

ISAAC NEWTON

Newton, uno de los científicos más brillantes de todos los tiempos, realizó avances en cada área de las matemáticas que estudió. Su obra sobre el cálculo es la base de la física y la ingeniería.

MÁXIMO CIENTÍFICO BRITÁNICO

De acuerdo con el calendario juliano, Newton nació el día de Navidad en 1642, en la **Mansión Woolsthorpe**, en Lincolnshire. Provenía de una familia de hacendados.

El **padre de Newton murió tres meses antes de su nacimiento** y su madre se volvió a casar, lo que obligó a que sus abuelos le criaran.

En 1661, Newton asistía a la facultad del **Trinity College**, en Cambridge, para estudiar derecho. Trabajaba como asistente para pagar sus estudios

La **peste arrasó Cambridge** en 1665, así que Newton volvió a Woolsthorpe donde pasó dos años cavilando sobre el cálculo, la óptica, el movimiento planetario y la gravedad.

A Newton lo nombraron miembro honorario del **Trinity College, en Cambridge**, y en 1668 sucedió a **Isaac Barrow** en la prestigiosa posición de **Profesor Lucasiano de Matemáticas**

$$\frac{dy}{dx}$$

Desarrolló la teoría del cálculo alrededor del mismo tiempo que el matemático alemán **Gottfried Leibniz**, lo que ocasionó una disputa sobre quién lo descubrió en realidad

Se reconoció su genio en vida y le concedieron diversos puestos prestigiosos, incluyendo el de **Director de la Casa de la Moneda Real**

Newton **murió** mientras dormía el 31 de marzo de 1727, en Kensington, Londres. Su cuerpo fue enterrado en la **Abadía de Westminster**

DATOS Y CIFRAS

La reina Ana lo nombró caballero en **1705**, el segundo científico en recibir dicho honor.

Newton prestó servicio por 2 años como miembro del parlamento para la universidad de Cambridge.

Fue presidente de la Royal Society durante 24 años.

En **1687**, se publicó su célebre obra *Philosophiae Naturalis Principia Mathematica.*

ANÁLISIS NUMÉRICO

Mientras algunas ecuaciones matemáticas son fáciles de resolver, otras son terriblemente complejas, con soluciones que solo pueden hallarse mediante las técnicas de fuerza bruta del análisis numérico.

1656 John Wallis publica los métodos numéricos para aproximar el área bajo las curvas, esencialmente lo que trata la integración numérica

1675 Isaac Newton publicó su método para resolver ecuaciones de forma numérica

1690 Joseph Raphson refina y simplifica el método de Newton

1895 Carl Runge publica un método numérico para resolver ecuaciones diferenciales, las cuales combinan tanto una variable como su gradiente

1940s La invención del ordenador implica que el análisis numérico puede automatizarse

SOLUCIONES GRÁFICAS

La ecuación $x - 2 = 0$ se resuelve fácilmente sumando 2 a ambos lados, dando la solución $x = 2$. Pero, ¿qué pasa con $x^5 + \sqrt{x} - 3 = 0$? Las ecuaciones como esta no tienen una solución sencilla que se pueda escribir a mano. En su lugar, los matemáticos Aplican algoritmos para obtener soluciones de forma numérica.

Un método sencillo para esto es trazar la función gráficamente.

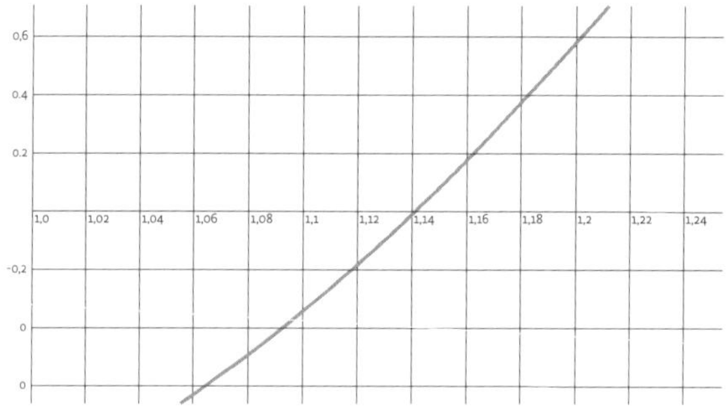

El gráfico muestra que $x^5 + \sqrt{x} - 3$ pasa a por el cero cuando $x \approx 1{,}14077$.

BISECCIÓN DE INTERVALOS

Si se sabe que la solución a una ecuación se encuentra en un intervalo dado, la bisección de intervalos es una poderosa técnica numérica que sirve para dividir el intervalo a la mitad y hallar qué mitad contiene la solución, y luego repetir el proceso.

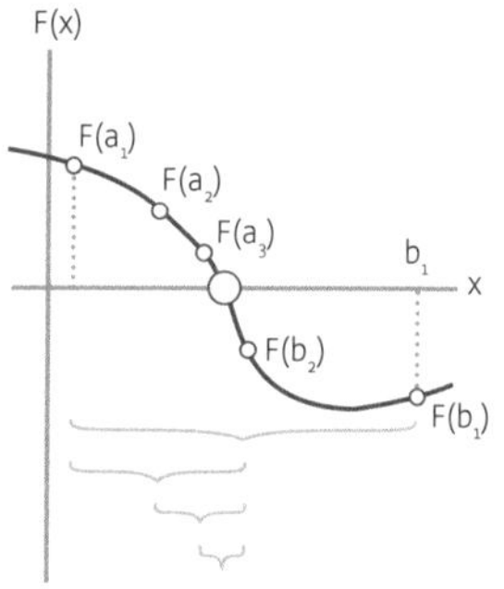

MÉTODO DE NEWTON

Isaac Newton (y de manera independiente el matemático inglés **Joseph Raphson**) desarrollaron una técnica numérica para resolver ecuaciones a finales del siglo XVII.

Para resolver $f(x) = 0$, el método de Newton comienza con una conjetura (x_0), calculando la tangente a la curva en ese punto, y hallando dónde la línea tangente es cero (x_1); luego, se usa esto como la siguiente conjetura. El proceso se repite hasta que los cálculos converjan en la solución.

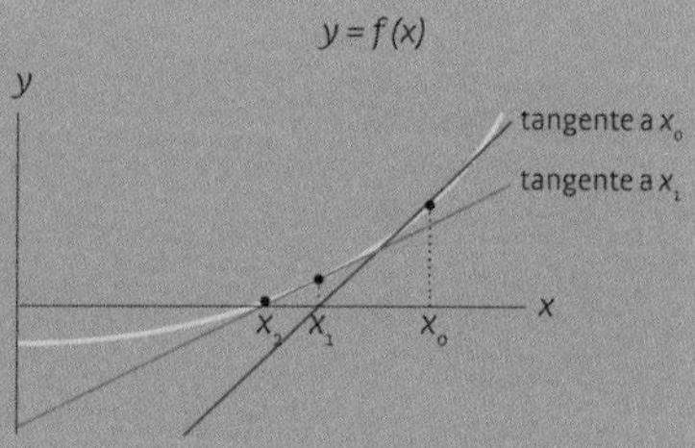

MECÁNICA

La mecánica, una de las primeras aplicaciones de las matemáticas en el mundo físico. Trata sobre el movimiento de los cuerpos bajo la aplicación de fuerzas.

- **Siglo IV A. C.** Los antiguos griegos consideran cómo reaccionan los objetos ante las fuerzas
- **1687** Newton publica sus tres leyes del movimiento
- **1765** Leonhard Euler extiende las leyes de la mecánica clásica a los cuerpos con movimiento rotatorio
- **1788** Lagrange desarrolla un método alternativo a la mecánica con base en la energía en vez de las fuerzas
- **1900** Max Planck produce ideas iniciales sobre mecánica cuántica para el movimiento de partículas subatómicas
- **1905** Se publica la teoría especial de la relatividad de Einstein, que muestran cómo las leyes de Newton se invalidan cerca de la velocidad de la luz
- **1928** Paul Dirac mezcla mecánica cuántica y relatividad especial y explica el movimiento ultrarápido en el mundo subatómico

¿QUÉ ES?

La mecánica describe la colisión de las bolas de billar, el movimiento de los péndulos, el deslizamiento de un bloque por una pendiente, la lógica de los sistemas de poleas, y mucho más.

Las leyes de movimiento de Newton rigieron la mecánica por cientos de años, pero en el siglo XX se añadieron correcciones para objetos muy pequeños (mecánica cuántica) o que viajan muy rápido (teoría de la relatividad).

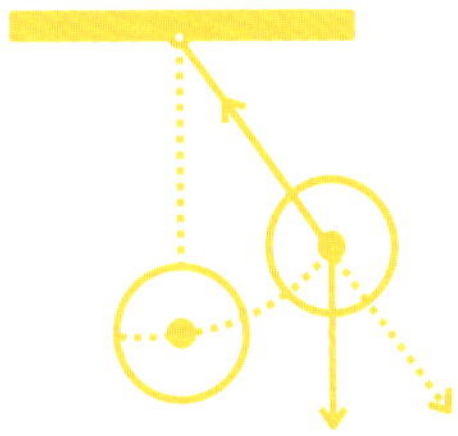

LEYES DE NEWTON

El científico británico **Sir Isaac Newton** consolidó los principios de la mecánica clásica en sus tres leyes de movimiento:

1. Un cuerpo permanece en reposo o continúa en su estado de movimiento uniforme, a menos que se le aplique una fuerza.

2. Si se aplica una fuerza F a un cuerpo de masa m, se acelerará a razón de una cantidad a, satisfaciendo la ecuación $F = ma$.

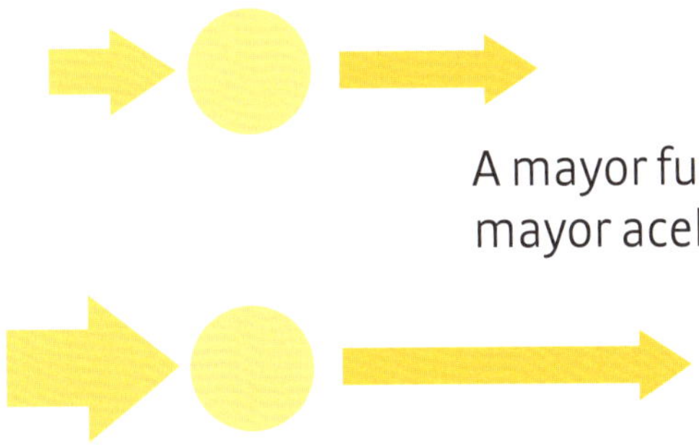

3. A toda acción sobreviene una reacción de igual magnitud y sentido opuesto. Por eso un rifle te golpea en el hombro cuando lo disparas.

COORDENADAS POLARES

En lugar de una referencia cuadriculada, las coordenadas polares dan tu posición como una distancia y una dirección desde un punto fijo. Se usan todos los días en navegación, robótica, matemáticas, y física.

¿QUÉ ES UNA COORDENADA POLAR?

Puede que ya hayas usado una forma de coordenadas polares. Si alguien pregunta dónde vives, podrías decirle "15 km al norte de Londres". En ese caso, estarías dando un conjunto de coordenadas polares aproximadas, o sea, una dirección y una distancia.

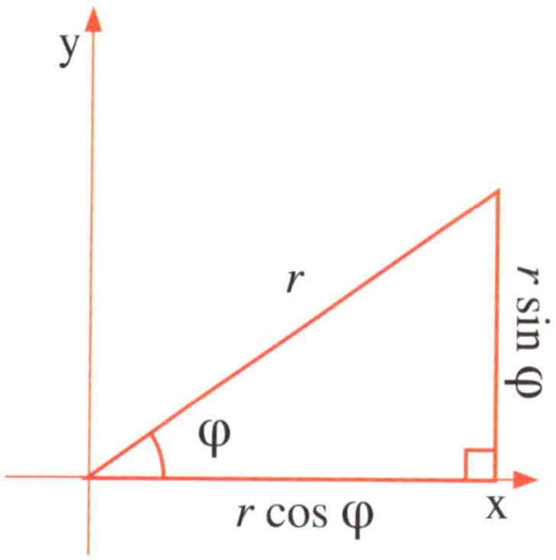

El diagrama muestra un sistema de coordenadas polares en 2-D, en el cual, un punto en un plano 2-D se especifica por el ángulo φ, medido en el sentido opuesto de las manecillas del reloj desde el eje x, y la distancia radial r. Las coordenadas polares pueden vincularse con las cartesianas (x, y) mediante las ecuaciones:

$$x = r \cos \varphi$$

$$y = r \sin \varphi$$

ESPIRAL DE ARQUÍMEDES

Las formas pueden ser definidas por coordenadas polares, incluyendo espirales y cicloides. Arquímedes describió una espiral en la cual el radio se incrementa en proporción a un ángulo.

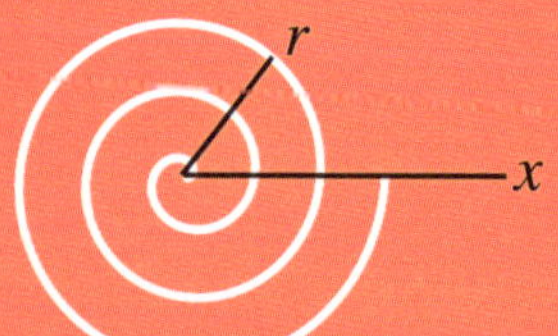

Aquí se muestra una espiral de Arquímedes donde *r* crece linealmente desde 0 a medida que φ se abre en sentido contrario a las manecillas del reloj desde el eje x.

¿SABÍAS?

Los antiguos pensadores usaron los conceptos de ángulo y radio. **Hiparco** (c. siglo II A. C.) usó las coordenadas polares para establecer la posición de los cuerpos celestiales.

Las coordenadas polares simplifican enormemente las ecuaciones de movimiento de sistemas mecánicos rotatorios.

Las coordenadas polares en 3-D se usan en la física de campos eléctricos, magnéticos y de temperatura.

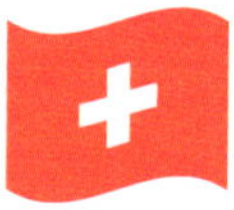

En 1691, el matemático suizo **Jacob Bernoulli** desarrolló coordenadas polares para un amplio espectro de problemas matemáticos.

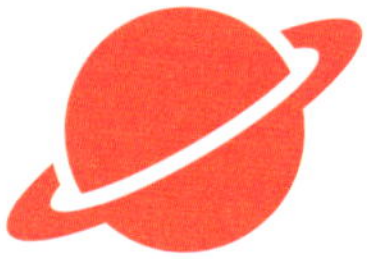

Pueden usarse para medir el movimiento planetario.

ABRAHAM DE MOIVRE

Abraham de Moivre es célebre por su fórmula epónima, la cual vincula los números completos y la trigonometría; y por realizar avances en el estudio de las probabilidades.

VIDA Y MOMENTOS

Nació en la provincia de **Champagne**, Francia, el 26 de mayo de 1667. **De Moivre estudió física en París** pero debido a su fe (era protestante francés) fue obligado a escapar de la persecución y se instaló en Londres. Ahí, se hizo amigo de **Sir Isaac Newton** y del astrónomo **Edmond Halley**.

FÓRMULA DE DE MOIVRE

Para cualquier número real x y entero n ...
$(\cos x + i \sin x)^n = \cos(nx) + i \sin(nx)$.

El teorema da una fórmula para calcular las potencias de números complejos. Estos son números que pueden escribirse de la forma a + bi, donde i es el número imaginario unitario (definido tal que $i^2 = -1$).

La fórmula de De Moivre conecta los números complejos y la trigonometría. Su papel fue decisivo para sacar la trigonometría del reino de la geometría y colocarla dentro del análisis matemático.

PROBABILIDADES

A pesar de su intelecto, de Moivre no obtuvo una cátedra de matemáticas en una universidad. Se ganaba la vida como tutor privado de matemáticas y consultor de juego y seguros. Su obra de 1718, **La Doctrina de las Probabilidades** cubría una variedad de problemas en los dados y otros juegos. Amplió el estudio de la teoría de las probabilidades.

¿SABÍAS?

De Moivre es famoso por haber predicho la fecha de su propia muerte, ¡con éxito! Se dio cuenta que en la vejez dormía 15 minutos extra cada noche y calculó correctamente que su tiempo de sueño sería de 24 horas el 27 de noviembre de 1754, la fecha real de su muerte.

SERIES INFINITAS

La capacidad de escribir funciones matemáticas como series, es decir, sumas de términos que se repiten hasta el infinito, es un poderoso truco que tiene muchísimas aplicaciones.

SUMANDO EL INFINITO

Podrías pensar que una suma infinita de términos tendría un valor infinito. Pero imagina un corredor que se aproxima a la línea de meta de una carrera. Podrías descomponer su movimiento en una serie infinita de pasos, cada uno recorriendo la mitad de la distancia restante a la meta. A pesar del hecho de que hay un número infinito de pasos, el corredor cruzaría la línea en un tiempo finito.

La fracción de la distancia a la meta, que cubre con cada paso, obedece a la serie infinita

$$\frac{1}{2} + \frac{1}{4} + \frac{1}{8} + \frac{1}{16} + \ldots$$

la cual converge en el valor de 1.

NOTACIÓN

Las sumatorias se denotan con la letra griega mayúscula Σ (pronunciada “sigma”), donde un subíndice indica el límite inferior de la serie y un superíndice indica el límite superior. Por ejemplo,

$$\sum_{k=0}^{\infty} x^k$$

Significa la sumatoria de k = 0 a infinito de x^k.

EJEMPLOS

Algunas series con sumatorias bien definidas

$$\sum_{k=1}^{\infty} \frac{1}{k^2} = \frac{\pi^2}{6}$$

$$\sum_{k=1}^{\infty} \frac{x^k}{x!} = e^x$$

SERIE DE TAYLOR

La serie de Taylor lleva el nombre del matemático inglés **Brook Taylor**, quien en 1715 demostró que cualquier función matemática $f(x)$ puede aproximarse en la cercanía de un punto $x = a$, mediante una serie

$$f(x) \approx f(a) + \frac{1}{1!}\frac{df(a)}{dx}(x-a) + \frac{1}{2!}\frac{d^2f(a)}{dx^2}(x-a)^2 + \ldots$$

Donde ! es la función factorial, $\frac{df(a)}{dx}$ es $f(x)$ diferenciada con respecto a x y evaluada en el punto $x = a$, $\frac{d^2f(a)}{dx^2}$ es $f(x)$ diferenciada dos veces con respecto a x y evaluada en $x = a$.

Por ejemplo, $f(x) = x^2$ puede aproximarse mediante

$$f(x) \approx a^2 + 2a(x-a) + (x-a)^2 + \ldots$$

La aproximación es válida para valores de x cercanos a a, así que las potencias mayores de $(x - a)$ se hacen tan pequeñas que pueden ser despreciables.

TEORÍA DE GRAFOS

Las redes de puntos y las conexiones entre estos pueden analizarse usando una rama de las matemáticas conocida como teoría de grafos.

PUENTES DE KÖNIGSBERG

En el siglo XVIII la ciudad de **Königsberg**, construida sobre el río Pregel en la Rusia moderna, se componía de cuatro bloques de tierra inconexos, conectados por siete puentes. Se planteó la pregunta: ¿es posible hallar un camino a través de Konigsberg de tal forma que se cruce cada puente una sola vez?

GRAFOS ABSTRACTOS

En 1735, el matemático suizo **Leonhard Euler** tuvo la idea brillante de reducir el mapa de Königsberg a una forma abstracta donde los bloques de tierra se representaron como puntos sencillos y los puentes como líneas que los conectaban. Las longitudes de las líneas no tenían relevancia, todo lo que importaba era la estructura de las conexiones.

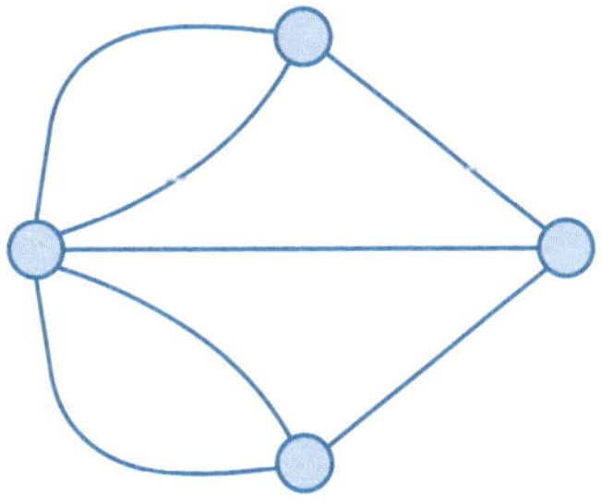

La pregunta es: comenzando en uno de los cuatro puntos (o "nodos" como se les llama), ¿se puede encontrar una ruta por este "grafo" que cruce cada conexión (o "borde") una sola vez?

SOLUCIÓN DE EULER

Euler se dio cuenta de que una ruta solo puede hallarse si, después de descontar el inicio y el fin, los nodos restantes tienen un número par de bordes que se conectan a estos, es decir, que sean de "grado par". Esto se conoce como el teorema de Euler. En el caso de los puentes de Königsberg, todos los nodos tienen grado impar, así que la hazaña es imposible. Inténtalo. Esta fue la primera aplicación de lo que ahora se conoce como "teoría de grafos".

Son posibles grafos verdaderamente complicados.

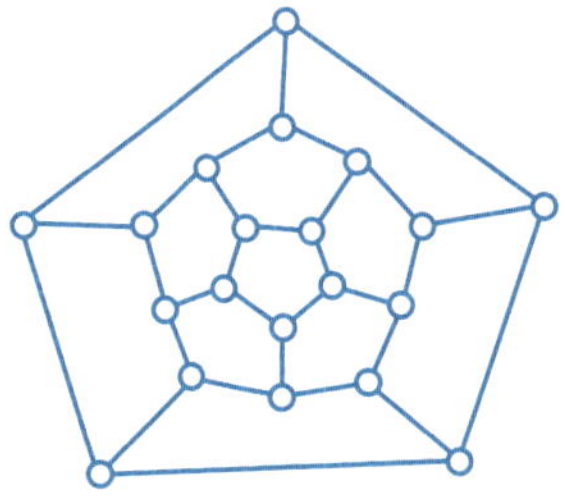

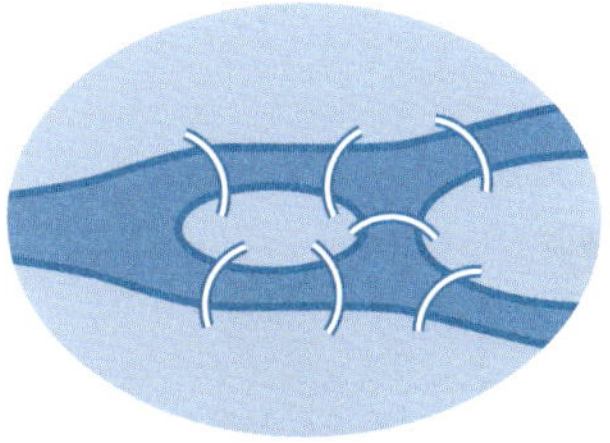

OTRAS APLICACIONES

La teoría de grafos también se usa en:

- **Topología**
- **Modelación estadística**
- **Informática**
- **Teoría de grupos y ciencias**

JUEGO

En el siglo XVIII, se podían obtener jugosos beneficios al aplicar las matemáticas a los juegos de azar. Algunos matemáticos diversificaron sus ingresos de esta manera.

VALOR ESPERADO

Un jugador gana dinero maximizando el "valor esperado" de sus apuestas. Esto se obtiene contrarrestando las pérdidas con las ganancias en cada resultado posible, multiplicado por la probabilidad de cada una.

EJEMPLO

Imagina un juego de casino con un dado parejo de seis lados. La apuesta son \$6, que pierdes si sale del 1 al 5, pero si sale un 6, entonces ganas \$24. En este caso, el valor esperado es

$$VE = -\frac{5}{6} \text{ x } \$6 + \frac{1}{6} \text{ x } \$24 = -\$5 + \$4 = -\$1$$

Entonces, cada vez que juegas, en promedio pierdes \$1. Evita esto.

Si por otra parte, el costo de jugar se redujera a \$3, el valor esperado subiría a +\$1,50 y entonces, ¡ganarías!

JUEGO DE SAN PETERSBURGO

Imagina un juego de lanzar una moneda. Cara pierdes \$2, cruz ganas \$2. Normalmente, este juego tiene un VE = 0. ¿Qué pasa si cada vez que pierdes doblas tu apuesta, y vuelves al valor inicial una vez que finalmente ganas? Tu VE en cada "juego" es...

$$VE = -\frac{1}{2} \text{ x } \$2 + \frac{1}{2} \text{ x } \frac{1}{2} \text{ x } \$4 + \frac{1}{2} \text{ x } \frac{1}{2} \text{ x } \frac{1}{2} \text{ x } \$8 + \ldots = \$1 + \$1 + \$1 + \ldots$$

el cual es **infinIto**.
Esto se conoce como la paradoja de San Petersburgo, como la ciudad rusa donde el matemático **Daniel Bernoulli** vivía cuando intentó resolverla.

LA SOLUCIÓN

Bernoulli creía que la solución residía en la noción de utilidad, el valor decreciente del dinero. Si te dan \$1 millón, por ejemplo, tu vida podría cambiar. Pero, ¿\$2 millones cambiarían tu vida al doble? Tal vez no. Eso es la utilidad.

La resolución moderna yace en el hecho de que necesitarías fondos infinitos para usar esta estrategia, para cubrir las posibles secuencias excesivamente largas de cruces, y que el casino eventualmente dejaría de aceptar tus **apuestas crecientes**.

LEONHARD EULER

El trabajo de Euler logró avances en la geometría, el álgebra, la teoría de números, la trigonometría y el cálculo infinitesimal. Las matemáticas están repletas de fórmulas y teoremas que llevan su nombre.

¿QUIÉN FUE LEONHARD EULER?

Euler (pronunciado "oiler") nació en Basilea, Suiza, el 15 de abril de 1707. Su padre era pastor de la Iglesia Reformada. La familia era cercana a **Johann Bernoulli**, uno de los mejores matemáticos de Europa.

En 1720, Euler asistía a la Universidad de Basilea y luego estudió una maestría sobre los estudios de Descartes y Newton.

Euler fue profesor de física en la Academia Imperial rusa de Ciencias en **San Petersburgo**. En 1741 se integró a la Academia de Berlín.

La vista de Euler se deterioró a través de vez su carrera. Después de sufrir de fiebre en 1738, quedó casi ciego del ojo derecho. Esto tuvo el mínimo efecto en su productividad gracias a sus destacadas habilidades de cálculo e impresionante memoria.

Euler murió de una hemorragia cerebral el 18 de septiembre de 1783 en San Petersburgo, Rusia.

LA ECUACIÓN MÁS HERMOSA

La identidad de Euler es considerada la más bella ecuación de las matemáticas. Algunas personas incluso se la tatúan. ¿Por qué?

$$e^{i\pi} + 1 = 0$$

Se dice que la ecuación tiene belleza matemática porque incluye tres funciones clave: suma, multiplicación y potenciación. También relaciona cinco constantes matemáticas: 0, 1, π, e (la base de los logaritmos naturales, 2,7182818284), e i (el número imaginario unitario).

Como tal, presenta una profunda conexión entre los reinos de la geometría, el cálculo y los números complejos.

Algunos historiadores han sugerido que Euler no fue el primero en derivar la identidad, aunque ciertamente emerge de los conceptos que él ayudó a desarrollar.

TOPOLOGÍA

La topología es el estudio de las superficies y sólidos cuando están torcidos, estirados, y deformados, pero no cortados o rasgados. Tiene aplicaciones en el estudio de nudos, la física de partículas, y el universo.

- **300 A. C.** Euclides publica *Los Elementos*, que contiene los postulados básicos de la geometría
- **1736** Leonhard Euler publica un trabajo sobre teoría de grafos, predecesora de la topología
- **1858** Möbius y Listing descubren la "banda de Möbius"
- **1882** Felix Klein descubre la botella de Klein
- **2006** El matemático ruso Grigori Perelman demuestra la conjetura de Poincaré, relacionada con la topología de una esfera en 3-D

GEOMETRÍA FLEXIBLE

Para un topólogo, **dos formas son iguales si una puede ser deformada hasta ser como la otra.** Imagina que ambas están hechas de caucho totalmente elástico. Eso significa que una esfera es topológicamente igual a un cubo, porque una figura puede ser estirada o aplastada hasta tener la forma de la otra y viceversa.

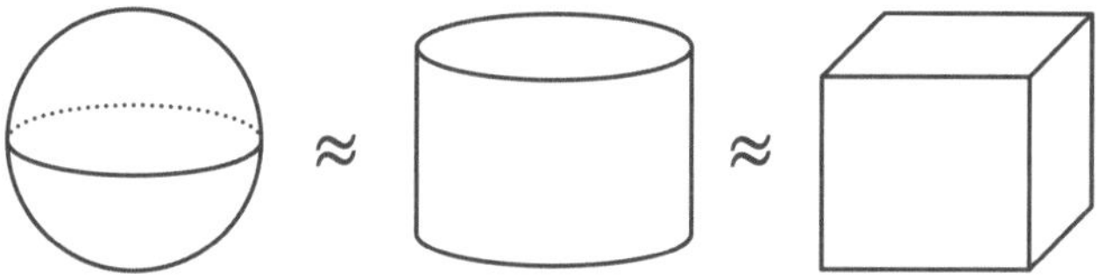

LOS AGUJEROS

No poder rasgar o cortar significa que objetos topológicamente equivalentes deben tener el mismo número de "agujeros". Haz un agujero en una hoja de papel y no hay manera de que pueda transformarse en una hoja sin agujeros. No obstante, los objetos con el mismo número de agujeros pueden transformarse el uno en el otro. ¡Entonces, para un topólogo, una rosca y una taza son lo mismo!

FIGURAS EXTRAÑAS

La **banda de Möbius** (abajo) es una rareza topológica, ya que es una superficie con un solo lado.

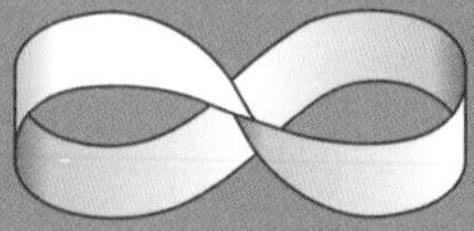

Se forma con una banda rectangular, la cual se gira 180° y luego se pegan los extremos.

La banda de Möbius tiene una división a lo largo del borde; sin embargo la botella de Klein (derecha) es un ejemplo de una superficie de un solo lado sin división.

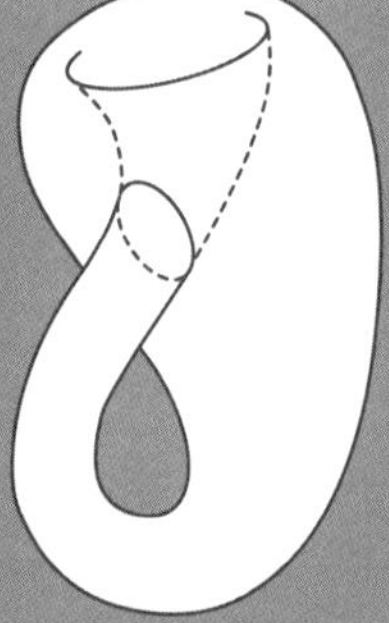

LA FAMILIA BERNOULLI

Esta dinastía suiza produjo más de ocho matemáticos talentosísimos, quienes realizaron enormes contribuciones al estudio tanto de las matemáticas como de la física teórica.

$$e = \lim_{n \to \infty} \left(1 + \frac{1}{n}\right)^n$$

Jacob Bernoulli (1654–1705) escribió la obra ***Ars Conjectandi*** sobre probabilidades. **Los "números de Bernoulli"** se llaman así en su honor, y él descubrió la constante matemática ***e***. Esta aparece en muchas fórmulas matemáticas.

Johann Bernoulli (1667–1748) Los hermanos Jacob y Johann trabajaron juntos en el cálculo infinitesimal y sus aplicaciones, incluyendo las matemáticas de las velas de los botes y la óptica.

Nicolaus Bernoulli (1662–1718) El tercer hermano Bernoulli era pintor y concejal (esencialmente, miembro del ayuntamiento) en la ciudad suiza de Basilea.

Nicolaus I Bernoulli (1687–1759), sobrino de Jacob y Johann, se especializó en teoría de probabilidades, geometría y ecuaciones diferenciales.

Daniel Bernoulli (1700–82), 2.º hijo de Johann, aplicó las matemáticas a la mecánica de fluidos (descubriendo el principio mediante el cual las aeronaves posteriormente volarían) y realizó investigaciones innovadoras sobre estadística y teoría de probabilidades.

Johann II Bernoulli (1710–90), tercer hijo de Johann, sucedió a su padre como profesor de matemáticas en la Universidad de Basilea y también estudio física.

Nicolaus II Bernoulli (1695–1726), hijo de Johann, inventó la paradoja de San Petersburgo, relacionada con las probabilidades en economía y en los juegos de azar.

Johann III Bernoulli (1744–1807), hijo de Johann II, fue un niño prodigio. A la edad de 19 años era Astrónomo Real de Berlín. Enseñó matemáticas en la Academia de Berlín y escribió obras sobre astronomía, viajes y geografía.

Jacob II Bernoulli (1759–89), tercer hijo de Johann II, nació en Rusia y se hizo profesor de matemáticas en la Academia de San Petersburgo. Se ahogó mientras nadaba en el río Neva, tan solo algunos meses después de su matrimonio con la nieta de **Leonhard Euler**.

DISTRIBUCIONES DE PROBABILIDAD

Una distribución de probabilidad condensa las probabilidades de todos los posibles resultados de un evento aleatorio particular, como lanzar los dados, una carrera de caballos o el tiempo que hará mañana

1755 Thomas Simpson estudia las distribuciones como una manera de comprender los errores en la medición experimental

1774 Pierre-Simon Laplace sugiere distribuciones de probabilidad con base en potencias de la función exponencial, *e*

1809 Carl Friedrich Gauss publica la distribución más importante de todas, la célebre distribución normal

1894 El estadístico Karl Pearson define la "desviación estándar" como la desviación de la media de una distribución de probabilidad

OJOS DE SERPIENTE

Lanza 2 dados de 6 lados y el resultado será un número entre 2 y 12. Sin embargo, todos los resultados no son igualmente probables. De las 36 posibilidades (6 x 6), la suma que da igual a 2 puede ocurrir solo una vez (dos unos), dando una probabilidad de 1/36; mientras que una suma de 7 puede ocurrir de 6 formas (uno y seis, dos y cinco, tres y cuatro, cuatro y tres, cinco y dos, seis y uno), así que la probabilidad es de 6/36, o 1/6.

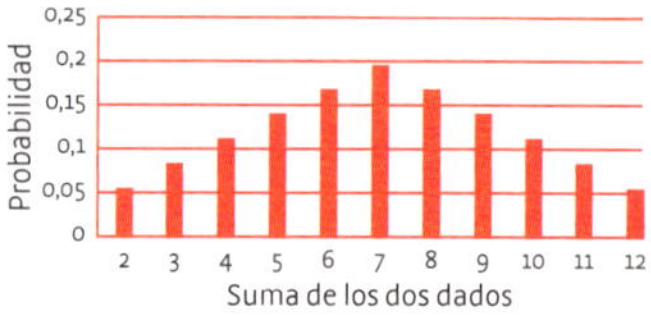

Este es un ejemplo de una distribución de probabilidad.

DISTRIBUCIONES DISCRETAS

La distribución de lanzamiento de dados es una "distribución discreta" porque solo permite resultados de números enteros. Las distribuciones discretas tienen la forma del gráfico de barras. Por otra parte, una distribución continua permite valores no enteros. En este caso, no tiene sentido hablar de la probabilidad de que ocurra un valor particular. En su lugar, los estadísticos estudian la probabilidad de un conjunto de valores dados al integrar (es decir, aplicar cálculo integral a) la distribución. Por ejemplo, el área sombreada en la distribución continua a la derecha da la probabilidad de que la variable aleatoria x se encuentre entre 11 y 14.

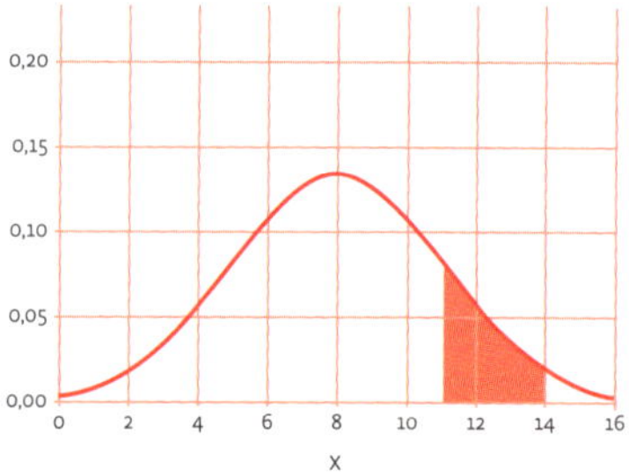

Abajo se muestran distribuciones de probabilidad comunes.

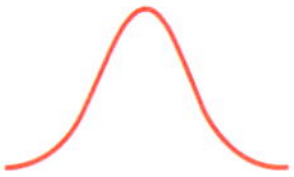

Distribución Normal

Distribución t de Student

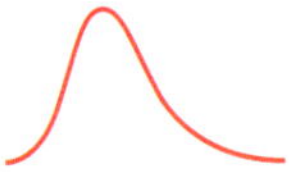

Distribución Chi-cuadrada

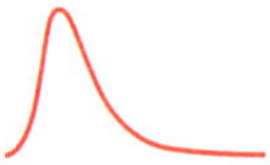

Distribución F

TEOREMA DE BAYES

El teorema de Bayes, expuesto por primera vez en el siglo XVIII por Thomas Bayes, es un principio matemático sobre las probabilidades de que ocurran eventos relacionados.

THOMAS BAYES

- **1701** Nació en Londres, Inglaterra
- **1742** Es nombrado miembro de la Royal Society
- **1761** Muere en Tunbridge Wells. Enterrado en Bunhill Fields, Londres
- **1763** Su obra, *Un Ensayo Para la Resolución de un Problema en la Doctrina de las Probabilidades*, con la primer propuesta del teorema, se lee de forma póstuma en la Royal Society
- **1950s** La estadística bayesiana se hace popular, tras considerarse en el pasado como demasiado subjetiva

¿QUÉ ES?

Dados dos eventos, denominados *A* y *B*, el teorema de Bayes establece que la probabilidad de que ocurra *A* dado que *B* ha ocurrido es la misma que la probabilidad de *B* dado que *A* ha ocurrido, multiplicada por la probabilidad total de *A*, dividida entre la probabilidad total de *B*.

Es decir,

$$P(A|B) = \frac{P(B|A)\,P(A)}{P(B)}$$

donde *P(A|B)* indica la probabilidad de *A* dado *B*, a veces denominada probabilidad condicional.

EJEMPLO

Una enfermedad afecta al 2 % de la población. Una prueba detecta si tienes la enfermedad el 90 % del tiempo. La prueba arroja un resultado positivo 3 % del tiempo. Es decir:

$$P(enfermedad) = 0{,}02$$

$$P(r\ positivo \mid enfermedad) = 0{,}9$$

$$P(r\ positivo) = 0{,}03$$

Así, el teorema de Bayes dice que la probabilidad de tener la enfermedad dado un resultado positivo es de

$$P(\text{enfermedad} \mid \text{p positiva}) = \frac{0{,}9 \times 0{,}02}{0{,}03}$$

$$= 0{,}6$$

O 60 por ciento.

APLICACIONES

Evidencia: se usa en los juzfados para evaluar la probabilidad de culpabilidad dada la evidencia disponible.

Ciencia: se puede usar un **método bayesiano** para ponderar los resultados de **experimentos científicos** contra **creencias previas**.

Filtros de spam: estos evalúan la **probabilidad de que un correo sea spam** dado su contenido, con base en un **algoritmo bayesiano**.

TEORÍA DE NUDOS

La teoría de nudos es un tipo de topología que trata sobre la clasificación de segmentos de línea enredados, y tiene aplicaciones en biología molecular y ciencia informática.

¿QUÉ ES?

La teoría de nudos es el **estudio de los nudos matemáticos**, los cuales son como nudos de una cuerda, excepto que los **extremos del nudo están unidos**.

Como en la topología, **dos nudos se consideran equivalentes** si pueden **transformarse el uno en el otro** torciendo, estirando y deformando, pero no cortando.

EL NUDO DE TRÉBOL

El **nudo no trivial** más sencillo tiene la designación de **Alexander-Briggs** 3_1, y también se conoce como "**nudo de trébol**". Puedes obtener uno haciendo un simple "**nudo de la abuela**" en un trozo de cuerda y luego pegando los extremos.

NÚMEROS DE ALEXANDER-BRIGGS

Los nudos matemáticos se **clasifican por su número de puntos de cruce**.

Los nudos en el diagrama de abajo obtienen su nombre usando la notación de **Alexander-Briggs**, el número grande indica el número de puntos de cruce y el subíndice es solo una marca para distinguir entre nudos en cada categoría.

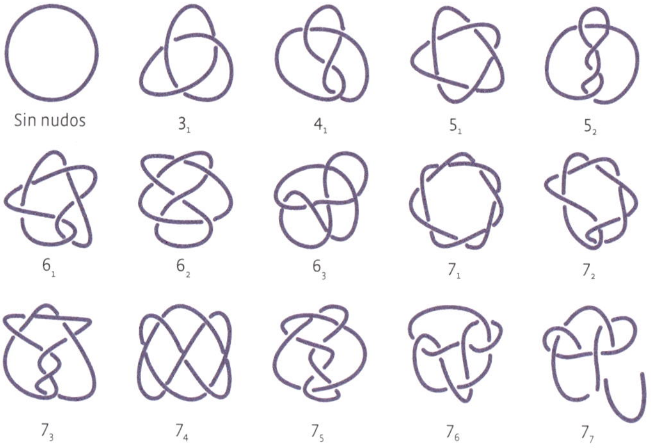

APLICACIONES

Ordenadores cuánticos topológicos: estos dispositivos usan el trenzado (es decir, **anudamiento**) de las marcas dejadas por partículas cuánticas llamadas **anyones** para realizar cálculos.

ADN: estudios usando teoría de nudos han mostrado cómo las células desenredan filamentos de ADN.

Atadura de cordones de zapatos: ¡no es broma, la teoría de nudos puede ayudarte a atar tus cordones más rápida y eficientemente!

Quiralidad: la teoría de nudos puede determinar la "orientación" o simetría especular de las moléculas.

CUADRADOS LATINOS

El juego *Sudoku tiene como base antiguas formas matemáticas llamadas cuadrados latinos. Estos tienen aplicaciones actuales, en los códigos de corrección de errores usados en la transmisión de datos.*

ROMPECABEZAS ANTIGUOS

Un cuadrado latino es una **disposición de enteros** tal que cada uno aparezca n veces en un **cuadrado de tamaño n x n**, y ningún número aparece dos veces en una **hilera o columna**. Se cree que los cuadrados latinos se originaron en el **mundo islámico** durante la **Edad Media**.

1	2	3
2	3	1
3	1	2

Un cuadrado latino donde *n* es 3.

CUADRADOS GRECOLATINOS

En 1700, el matemático coreano **Choi Seok-Jeong** fue la primera persona en publicar cuadrados latinos en cuadrículas de nueve. Décadas después, **Leonhard Euler** intentó unir dos de estos para crear un cuadrado grecolatino. El desafío con los cuadrados grecolatinos es **combinar figuras de ambos cuadrados en uno solo**, donde no se repita ningún par de figuras.

Aα	Bγ	Cβ
Bβ	Cα	Aγ
Cγ	Aβ	Bα

VASTAS POSIBILIDADES

Pueden construirse cuadrados latinos de cualquier tamaño y el **número de combinaciones únicas crece rápidamente**. Por ejemplo, hay solo 2 cuadrados latinos diferentes de 2 × 2 (después de tomar en cuenta la **simetría, ya que cualquier par de cuadrados que puedan ser rotados hasta convertirse el uno en el otro son considerados idénticos**). Por otra parte, existen 12 diferentes cuadrados latinos de 3 × 3, y hablando de 9 (la base de los juegos de **Sudoku**), ¡el **número de posibles cuadrículas** llega a las 6.670.903.752.021.072.936.960!

CORRECCIÓN DE ERRORES

Las cuadrículas de Sudoku (9 x 9) **solo pueden tener una solución única si al menos se proporcionan 17 pistas**. Esto ilustra la utilidad de los cuadrados latinos. Si una cuadrícula de 81 celdas puede resolverse con tan solo 17 pistas, esto quiere decir que dichas pistas dan la **respuesta a datos faltantes o incorrectos**. Esto aplica a la **transferencia de datos** moderna, donde se usan cuadrados latinos y objetos similares como **dispositivos de corrección de errores**.

JOSEPH LOUIS LAGRANGE

Lagrange, astrónomo, matemático y físico teórico, realizó contribuciones a la mecánica clásica, la física de las órbitas, y la teoría de las ecuaciones diferenciales parciales.

1736 Lagrange nace el 25 de enero en Turín, en una familia de origen francés. Su **padre** fue tesorero del rey de Cerdeña, pero perdió su fortuna debido a la especulación. Lagrange destacó que **de haber sido rico, probablemente no habría dedicado su vida a las matemáticas**

1750s Asiste a la **Universidad de Turín** y estudia latín clásico. Su interés en las matemáticas comienza con las memorias del astrónomo británico **Edmond Halley**. Es, en gran medida, autodidacta en el campo

1755 Siendo adolescente, Lagrange comienza a **enseñar matemáticas en la Academia Militar de Turín**. Su trabajo es bien recibido, en particular por **Leonhard Euler**

1764 Presenta un ensayo **ganador de un premio**, a la **Academia Francesa de Ciencias** sobre la **"libración de la luna"**, que es la oscilación aparente de la luna que causa cambios en sus características, como se observa desde la Tierra

1766 Acepta un puesto en **Berlín** ante la invitación de Federico II el Grande, quien quiere al **"mejor matemático de Europa en su corte"**

2, 3, 5, 7,

1766–87 Su tiempo en Berlín resulta muy productivo, realizando avances en **teoría de los números primos**, **álgebra**, **ecuaciones diferenciales**, **probabilidades** y **mecánica**

1786 Después de la muerte de Frederico II, **Luis XVI lo invita a Francia**, donde es bienvenido con honores y recibe departamentos en el Louvre

1789 Estalla la **revolución** en Francia, y se les ordena a los **extranjeros dejar el país**. No obstante, a Lagrange se le permite quedarse y continuar sus estudios

1794 Es nombrado profesor de la prestigiosa **École Polytechnique**

1813 **Lagrange muere** en París el 10 de abril

ADRIEN-MARIE LEGENDRE

Este estudioso francés fue de los primeros en aplicar las matemáticas a la física, logrando resultados fascinantes.

¿QUIÉN FUE LEGENDRE?

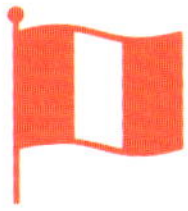

Nacido en una acaudalada familia parisina en 1752, Legendre estudió **matemáticas** y **física** en el **Collège Mazarin**

Enseñó matemáticas en la **École Militaire** de 1775 a 1780, y en la **Academia Francesa de Ciencias**, la cual cerró sus puertas durante la revolución francesa

En 1782, recibió un **premio por parte de la Academia de Berlín** por describir la curva de las bolas de cañón, considerando la resistencia del aire, la velocidad, y el ángulo de proyección

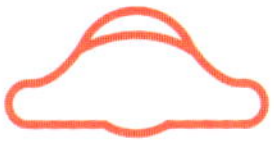

Bajo el reinado de **Napoleón**, dio cátedra en la prestigiosa **École Polytechnique** y recibió el nombramiento de oficial de la **Légion d'Honneur**

Legendre **murió en París en 1833** después de una **larga y dolorosa enfermedad**. Su nombre está junto a los de los 72 científicos franceses a los que se **rindió honor en la Torre Eiffel**

LOGROS

En su obra de 1794 ***Éléments de Géométrie,*** Legendre simplificó y reorganizó Los **Elementos de Euclides.** Este se convirtió en uno de los principales libros de texto **matemáticos** durante **100 años**.

Legendre realizó numerosas investigaciones sobre **integrales elípticas**. Estas son importantes para calcular la longitud de arco de una elipse y tienen aplicaciones en la mecánica.

La principal obra de Legendre, **Exercices de Calcul Intégral** (1811) explicaba las propiedades de las integrales elípticas y las funciones beta y gama.

También es célebre por la **transformada de Legendre**, la cual se usa en la **mecánica clásica**, la **termodinámica**, y la resolución de ecuaciones diferenciales.

Los polinomios de Legendre se usan en la **física** y en la **ingeniería**. Un polinomio es una expresión de más de dos términos algebraicos. Estos pueden expresarse en formas asombrosas.

Legendre estudió la **teoría de números**, conjeturando la **ley de reciprocidad cuadrática**, que determina la existencia de soluciones enteras a ecuaciones cuadráticas, la cual el alemán **Carl Friedrich Gauss** demostró posteriormente.

x^2

PIERRE-SIMON LAPLACE

Laplace, uno de los más grandes científicos de todos los tiempos, estudió el cálculo, la mecánica celeste y la teoría de las mareas. También desarrolló la teoría de las probabilidades.

Nació el **23 de marzo de 1749**, en Beaumont-en-Auge, Normandía. Fue hijo de un vendedor de sidra

En **1765**, Laplace asiste a la Universidad de Caen, donde brilla su talento matemático

A los **19 años**, Laplace se convierte en profesor en la École Militaire, donde resulta ser examinador de Napoleón

En **1796**, publica *Exposition du Système du Monde*, su obra maestra sobre la mecánica celeste

Napoleón le hace conde en **1806,** y se convierte en marqués en **1817** después de la restauración de la Casa de Borbón

Muere en París en **1827** y su cerebro se expone en un museo anatómico errante en Gran Bretaña

DEL ÁLGEBRA A LA ASTRONOMÍA

$\int$ Laplace también realizó importantes investigaciones sobre la **teoría de determinantes en el álgebra** e inventó una fórmula para aproximar integrales **(método de Laplace)**.

Desarrolló la **"transformada de Laplace"**, una manera de convertir ecuaciones diferenciales complejas a una forma abstracta que sí tiene solución, y luego convertir las soluciones de nuevo en expresiones comprensibles en el mundo real.

En la década de 1770, usó las **leyes de la gravedad**, la rotación y la dinámica de fluidos para explicar las mareas de la Tierra.

Laplace incluso sugirió que existen **estrellas con una gravedad tan grande** que no pueden emitir luz, algo que conocemos ahora como un agujero negro.

PROBABILIDAD

En su influyente obra, llamada ***Théorie Analytique des Probabilités,*** presentó herramientas para predecir la probabilidad de los eventos que ocurren en la naturaleza.

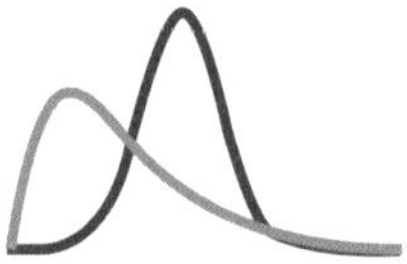

Laplace ayudó a popularizar lo que ahora conocemos como **estadística bayesiana**. También desarrolló el **método de mínimos cuadrados**, y dio una de las primeras demostraciones del teorema del límite central.

SOPHIE GERMAIN

Vetada de la universidad debido a su género, Sophie Germain tuvo que hacerse pasar por hombre para que brillara su genio matemático.

Marie-Sophie Germain nace en París en 1776. No tiene educación formal y aprende por su cuenta griego, latín y matemáticas

Forzada a no salir durante la revolución francesa en 1789, Germain estudia minuciosamente la obra de **Sir Isaac Newton**, **Leonhard Euler**, y **Arquímedes**

En 1794, se abre la **École Polytechnique**, pero siendo mujer, a Germain le es prohibida la entrada. Sin embargo, el público podía pedir las notas de las clases

Germain envió sus observaciones al eminente matemático **Joseph Louis Lagrange**, **bajo el seudónimo de Monsieur Le Blanc**. Lagrange identifica un talento notable y le propone un encuentro. Germain tiene que revelar su verdadera identidad pero esto no le importa a Lagrange, quien se convierte en su mentor después de 1794

Muere en 1831 de cáncer de mama

LOGROS

En 1816, ganó un premio ofrecido por la **Academia Francesa de Ciencias** por proponer una teoría que explica el **comportamiento de placas de metal vibratorias**. Su estudio de elasticidad ganó al tercer intento, convirtiéndola en la primera mujer en ganar un **prestigioso premio** de la academia.

Cuándo se construyó la **Torre Eiffel**, los ingenieros tuvieron que poner mucha atención en la **elasticidad de los materiales utilizados**. A pesar de la importancia de las teorías de Germain en este campo, **no formó parte de los 72 científicos cuyos nombres se inscribieron en la torre**.

Germain realizó algunos de sus mejores trabajos en el campo de la **teoría de números**. En particular, estaba fascinada por el **Último Teorema de Fermat**. Germain se ingenió sus propias soluciones que rigen el teorema para la ecuación $x^p + y^p = z^p$.

JOSEPH FOURIER

Célebre por descubrir el efecto invernadero, Fourier también fue un matemático muy talentoso. Sobrevivió a la prisión durante la revolución francesa para convertirse en uno de los principales científicos de Francia.

1768 Fourier nace en Auxerre, en la región de Borgoña, en Francia

c.1777 Asiste a la escuela militar local, donde los maestros eran monjes benedictinos

1795 Fourier enseña matemáticas en la École Normale y luego en la École Polytechnique

1798 Acompaña a Napoleón a Egipto como asesor científico

1807 Fourier presenta un trabajo inicial sobre la propagación del calor en cuerpos sólidos

1822 Es nombrado miembro destacado de la Academia Francesa de Ciencias

1830 Fourier muere después de sufrir un padecimiento cardíaco originado durante el tiempo que pasó en Egipto

LOGROS CLAVE

La ecuación del calor: Fourier pasó 15 años estudiando la conducción del calor y presentó sus hallazgos en 1822 en la obra ***Théorie Analytique de la Chaleur.*** Halló que el flujo de calor entre moléculas adyacentes es **proporcional a la diminuta diferencia de sus temperaturas**.

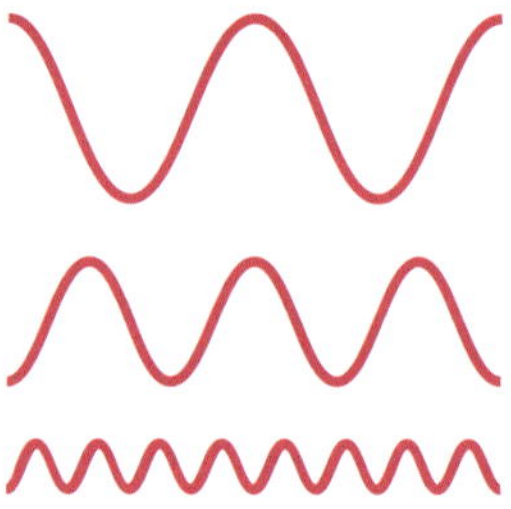

Serie de Fourier**: las funciones periódicas pueden escribirse como una serie de senos y cosenos.**

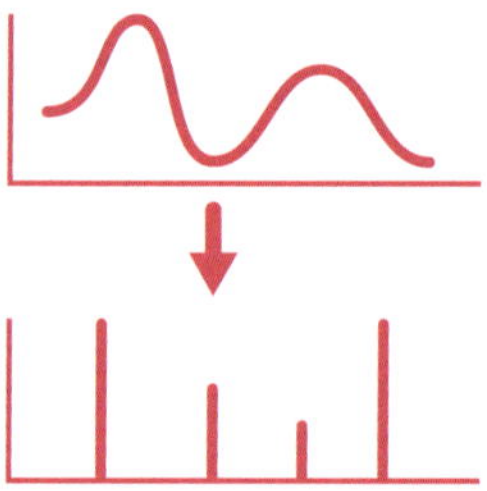

Transformada de Fourier**:** extiende la idea de serie para representar funciones arbitrarias como una integral exponencial compleja.

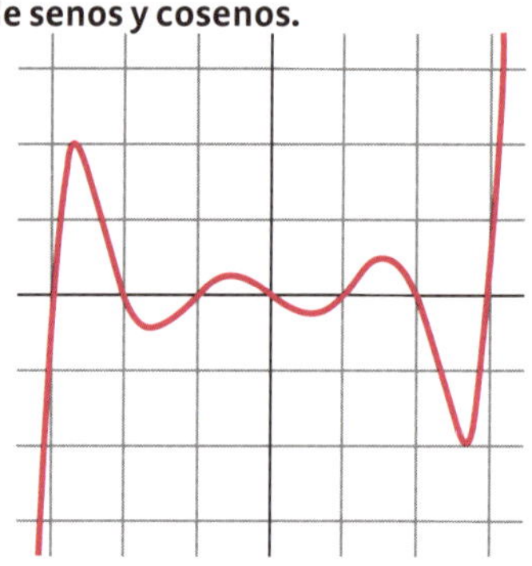

Teorema sobre la raíces reales de un polinomio: una técnica para hallar el número de raíces reales (es decir, no imaginarias) de un **polinomio** (una ecuación que contiene diferentes potencias enteras de la incógnita).

EL EFECTO INVERNADERO

En la década de 1820, Fourier calculó que dado el tamaño de la tierra y su distancia al sol, **debería ser mucho más fría de lo que es**. Fue el primer científico en deducir correctamente que la **atmósfera de la tierra** debía funcionar como un aislante.

ANÁLISIS DE FOURIER

El análisis de Fourier se usa para descomponer funciones matemáticas arbitrarias en una suma de ondas. Tiene aplicaciones en procesamiento de señales, el cálculo, transferencia de calor y muchos otros campos.

FUNCIONES DE ONDA

El principio subyacente consiste en **descomponer funciones** en términos de las razones **trigonométricas seno** y coseno. Estas se consideran **ondas "puras"**.

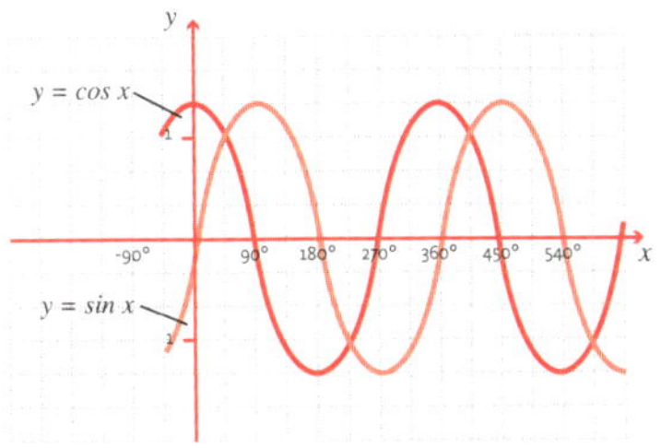

SUPERPOSICIONES

Las ondas **seno y coseno** con diferente **longitud de onda** (la distancia entre picos o valles sucesivos de la onda) y **amplitud** (altura de la onda) pueden **sumarse para crear curvas más complejas**.

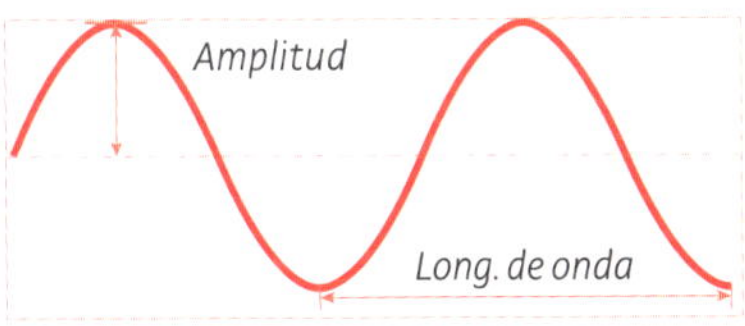

Por ejemplo, las dos **ondas iniciales** en el diagrama de abajo tienen la **misma amplitud** pero **diferente longitud** de onda. Se suman y crean la onda de arriba.

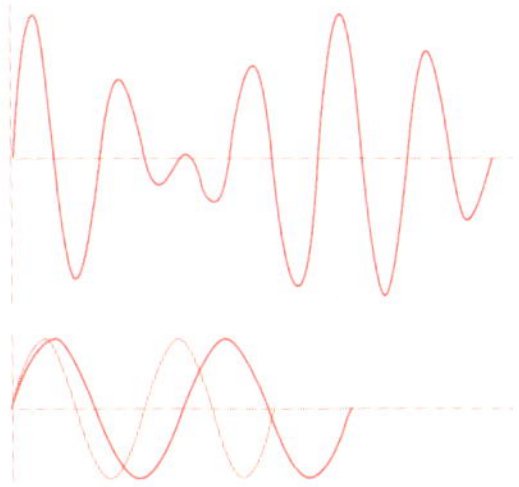

TEOREMA DE FOURIER

En 1807, el matemático francés **Joseph Fourier** sugirió que cualquier función matemática periódica puede descomponerse en una serie de senos y cosenos. Es decir,

$$f(x) = \sum_n a_n \sin nx + \sum b_n \cos nx$$

Así, en cualquier punto de *x*, el valor de *f* lo da la sumatoria de ondas de seno y coseno de diferentes longitudes de onda (controlada por *n*), cada una con **amplitudes** a_n y b_n respectivamente. Este es el teorema de Fourier.

Fourier también demostró que los **coeficientes** an y bn pueden calcularse para cada *n*, como **integrales** que involucran a *f*:

$$a_n = \frac{1}{\pi}\int_{-\pi}^{\pi} f(t) \sin nt \, dt$$

$$b_n = \frac{1}{\pi}\int_{-\pi}^{\pi} f(t) \cos nt \, dt$$

EJEMPLO

Una **onda de sierra** puede expresarse como una **sumatoria de senos**:

$$y = \sin x + \frac{1}{2} \sin 2x + \frac{1}{3} \sin 3x + \ldots + \frac{1}{n} \sin nx$$

TRANSFORMADA DE FOURIER

Las series de Fourier son una versión discreta del análisis de Fourier, una sumatoria en un intervalo particular de *n*. Su forma continua análoga es la transformada de Fourier, que suple la sumatoria con una integral:

$$f(x) = \int_{-\infty}^{\infty} g(t) e^{itx} dt$$

Donde *g(t)*, la versión análoga de los coeficientes, se define como

$$g(t) = \frac{1}{2\pi} \int_{-\infty}^{\infty} f(x) e^{-itx} dx$$

Aquí, *e* es el **número de Euler** (= 2,718...) e *i* es el **número imaginario unitario** ($i^2 = -1$).

ARITMÉTICA MODULAR

¿Qué pasaría si los números actuaran como en un videojuego donde se sale por un lado y se vuelve por el otro; y contar hasta cierto número te lleva de vuelta al cero? Bienvenido al mundo de la aritmética modular.

EL RELOJ DE 12 HORAS

Un ejemplo de la aritmética modular es el **reloj de 12 horas**. Añadir tiempo a cualquier lectura de un reloj es esencialmente *aritmética módulo 12*. Así, por ejemplo, cinco horas a partir de las 10:00 es 03:00 (en lugar de 15:00), ya que al llegar a las 12, el **contador se restablece a cero**.

10:00

3:00

NOTACIÓN

En general, Si la diferencia entre dos números, *a* y *b*, **es exactamente divisible entre un tercer número** *m* entonces se dice que *a* y *b* son ***congruentes módulo*** *m*.

Formalmente, un matemático escribiría $a \equiv b \ (mod\ m)$.
Por. ejemplo, $8 \equiv 4 \ (mod\ 2)$, ya que la diferencia entre 8 y 4 se divide exactamente entre 2.
Podríamos describir el ejemplo del reloj como $10 + 5 = 15 \equiv 3 \ (mod\ 12)$.

He aquí algunos más:

$$64 \equiv 10 \ (mod\ 6)$$

$$-9 \equiv 6 \ (mod\ 5)$$

$$-11 \equiv -9 \ (mod\ 2)$$

APLICACIONES

Las aplicaciones de la aritmética modular son diversas, incluyendo:

Programación en ordenadores: usada para implementar operaciones cíclicas al **ir y venir buscando datos**.

Criptografía: la aritmética modular se usa para las claves de los sistemas de criptografía de clave pública

Semana: los días de la semana funcionan de acuerdo con **aritmética módulo 7**.

Banca: Los números de cuenta internacionales siguen **aritmética mod 97 para verificación de errores**.

Matemáticas: surge en muchos otros campos como la teoría de números, la teoría de grupos y la teoría de nudos.

HISTORIA MODULAR

Carl Friedrich Gauss propuso la aritmética modular en su forma actual en 1801, en su libro ***Disquisitiones Arithmeticae.*** Otros matemáticos como Euler y Lagrange también realizaron contribuciones.

CORRELACIÓN Y REGRESIÓN

Un propósito de la estadística matemática es desmenuzar las relaciones entre variables aleatorias. La correlación y la regresión son dos poderosas herramientas para lograr esto.

CORRELACIÓN

Un término introducido por el erudito inglés **Francis Galton** a finales del siglo XIX, la correlación es una propiedad de dos variables, que determina la forma en que la variación en una corresponde a la variación en la otra.

El estadístico inglés **Karl Pearson** desarrolló el coeficiente de correlación, una medida numérica de correlación que va del 1 **(correlación total)** al 0 **(sin correlación)** y hasta el -1 (**anti-correlación**, es decir, un incremento en una coincide con un decremento en la otra).

EJEMPLO

En los datos de abajo, x y y tienen un coeficiente de correlación de 0,92, y por lo tanto su correlación es alta.

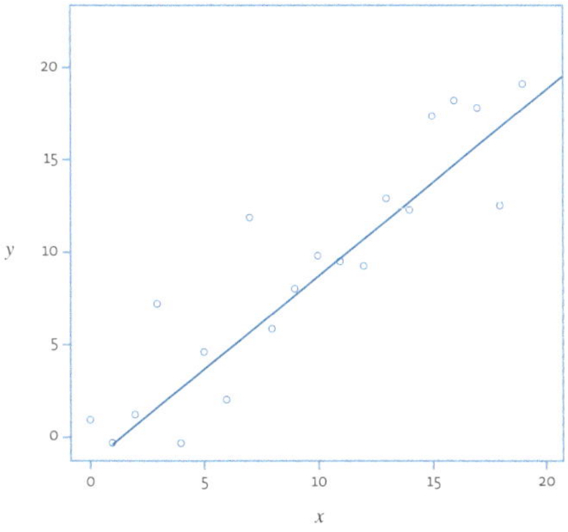

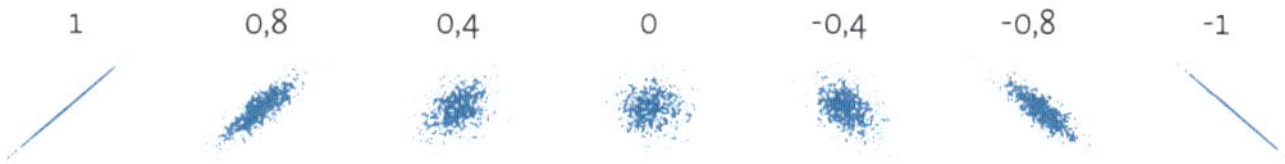

¿SABÍAS?

Hay un viejo adagio que dice, "**la correlación no supone causalidad**". Por ejemplo, que el césped este húmedo y que haya un arco iris en el cielo tienen correlación, no porque uno cause lo otro, sino porque ambos tienen una **causa común**, la lluvia.

REGRESIÓN

La regresión es una manera de intentar **reconstruir las relaciones matemáticas entre variables**. Por ejemplo, la línea trazada en el ejemplo de arriba se calcula usando regresión y representa el **"mejor ajuste"** entre los puntos de datos.

La rige la ecuación:

$$y = 1{,}0125x - 0{,}4992$$

Aquí, *y* se denomina la **variable "independiente"** y x es la **variable "dependiente"**.

La regresión puede aplicarse a más de una variable dependiente y usarse para ajustarse a **relaciones más elaboradas** que solo líneas rectas.

El ajuste implica elegir la línea que minimice la distancia vertical de la suma de cuadrados entre cada punto de datos y la línea, lo que se conoce como ajuste de mínimos cuadrados.

LA DISTRIBUCIÓN NORMAL

Descubierta por Abraham de Moivre hace más de 200 años, la distribución normal es tal vez la distribución de probabilidad más importante de toda la estadística.

¿QUÉ ES?

Tomemos un grupo de personas al azar y midamos su altura. Ahora, tracemos el número de personas con cada altura posible en un **histograma** y obtendremos un **gráfico parecido a la distribución normal**. La distribución normal también se conoce informalmente como **"curva de campana"** debido a su forma.

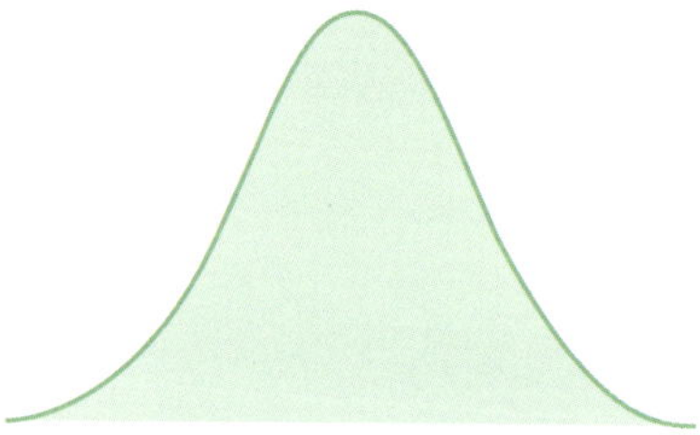

¿QUÉ SIGNIFICA?

Como otras **distribuciones de probabilidad**, la curva indica las probabilidades de que ocurran **valores aleatorios particulares** (en este caso la altura de las personas) pero la distribución puede aplicar en muchas situaciones diferentes.

El **punto más alto de la distribución** corresponde a la media, o **valor "medio"**, a menudo denotado como μ.

La **amplitud de la distribución** es determinada por su **"desviación estándar"**, σ, calculada de tal forma que el 68 por ciento de los datos caigan dentro de 1 desviación estándar; 95 por ciento dentro de 2; y 99,7 por ciento dentro de 3.

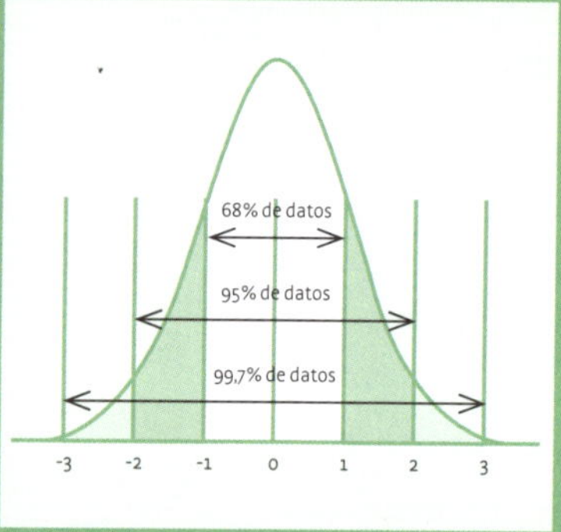

¿SABÍAS?

La forma de la curva la da la ecuación

$$y = \frac{1}{\sqrt{2\pi\sigma^2}} e^{-\frac{(x-\mu)^2}{2\sigma^2}}$$

Esto lo descubrió **Carl Friedrich Gauss**, de ahí el término alternativo, **distribución "gaussiana"**.

TEOREMA DEL LÍMITE CENTRAL

Si sumas muchas variables aleatorias, el **teorema del límite central** dice que dicha suma se distribuirá de manera normal.

Entonces, si lanzas un dado 1000 veces, sin importar la **distribución de cada lanzamiento**, la suma de los 1000 lanzamientos obedecerá una **distribución normal**.

EL NÚMERO ÁUREO

Del Partenón a las pirámides, el número áureo, también conocido como la "razón áurea", está por todos lados. Junto con π y e, es considerada una de las constantes más importantes de las matemáticas.

¿QUÉ ES?

El científico alemán **Martin Ohm** acuñó el término "razón áurea", la cual, por lo general se abrevia con la letra griega φ (phi).

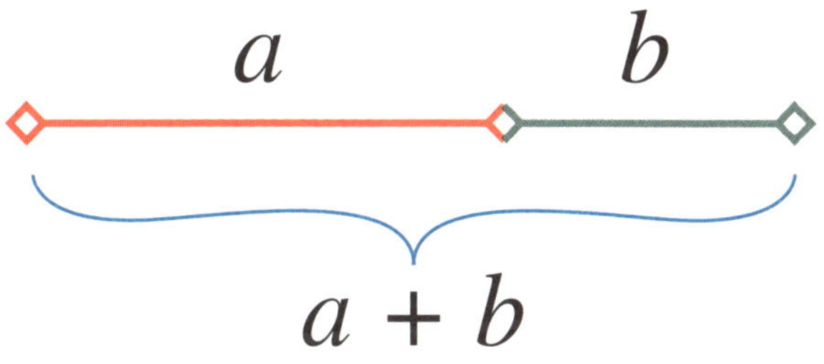

a + *b* es a *a* lo que *a* es a *b*

Toma una línea y divídela en **dos segmentos de diferente longitud**, *a* y *b*. Están en la razón áurea si ...

$$a / b = (a + b) / a = \varphi$$

Al reordenar esta ecuación se obtiene

$$\varphi = 1 + \frac{1}{\varphi}, \text{ or } \varphi^2 - \varphi - 1 = 0$$

una ecuación cuadrática con la solución

$$\varphi = \frac{1 + \sqrt{5}}{2} \approx 1{,}61803398874989484 20$$

RECTÁNGULO ÁUREO

Phi tiene una gran variedad de usos en el **arte**, la **arquitectura** y el **diseño**, a menudo con base en el "rectángulo áureo". Se trata de un rectángulo con longitud de sus lados en proporción a φ. Un rectángulo áureo de lados *a* y *b* (donde *a* es el lado más largo) tiene la propiedad de que al unirlo con un cuadrado con longitud de lados *a* crea un **nuevo rectángulo áureo** con longitudes de sus lados *a* y *a* + *b*.

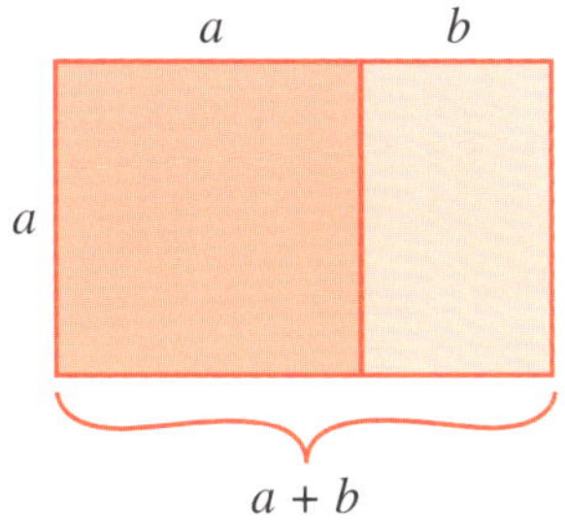

¿SABÍAS?

Existe una relación muy cercana entre la razón áurea y la **secuencia de Fibonacci**.

0, 1, 1, 2, 3, 5, 8, 13, 21, 34, 55, 89, 144, 233...

Toma cualquier número de la secuencia y divídelo entre su predecesor. El **resultado se acerca más a la razón áurea a medida que los números crecen**:

5/3 = 1,666666666

8/5 = 1,6

CARL FRIEDRICH GAUSS

Junto a Newton y Arquímedes, Gauss forma parte de los matemáticos más destacados de la historia. Realizó contribuciones enormes al álgebra, la teoría de números y la geometría.

LOGROS CLAVE

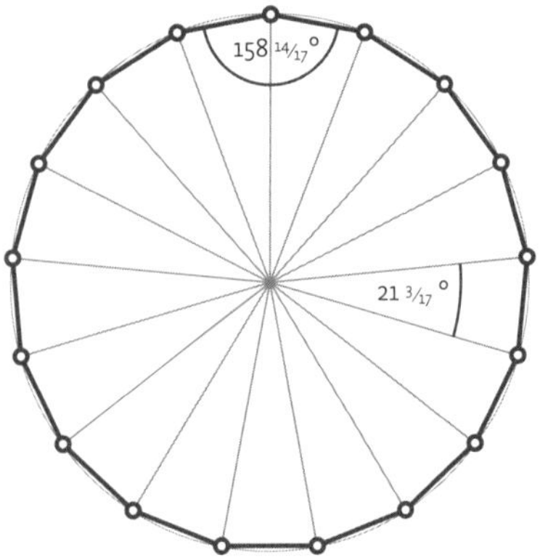

Gauss demostró que un **polígono** regular de diecisiete lados (un **heptadecágono**) podía **crearse usando regla y compás**.

Demostró que esto podría hacerse para cualquier **polígono** con un número de lados igual a un **número primo de Fermat** ($2^{2^n} + 1$, donde n = 0, 1, 2,...). Esto fue importante ya que demostró una relación **entre el álgebra y la geometría**, algo que los matemáticos habían intentado hacer por cerca de 2000 años.

En su tesis doctoral, Gauss demostró el **teorema fundamental del álgebra**, que dice que **toda ecuación algebraica tiene al menos una raíz o solución**. Los matemáticos habían lidiado con esto durante siglos.

En **teoría de números**, ofreció las primeras **dos pruebas de la ley de reciprocidad cuadrática**, un teorema del campo de la **aritmética modular**.

Gauss estableció la ecuación que sustenta la **"distribución normal"**, una importante herramienta en **estadística y teoría de probabilidades**.

Introdujo el **símbolo** ≡ para denotar la congruencia en la **aritmética modular**.

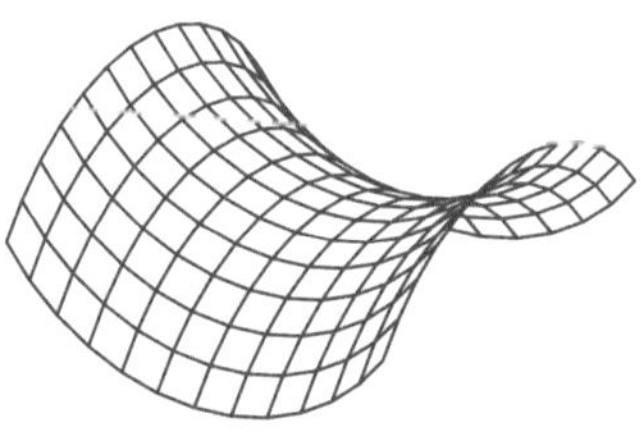

Gauss ayudó a establecer las bases para un tratamiento **matemático de las geometrías no euclidianas** (espacios curvos), reconociendo el enorme potencial de este campo.

UN JOVEN GENIO

Gauss nació en una familia de clase trabajadora en Brunswick (parte de la actual Alemania) en 1777. Fue un **niño prodigio** que podía **corregir errores aritméticos a la edad de tres años**. El **duque de Brunswick** reconoció su incipiente talento y **financió los estudios de Gauss en la Universidad de Gotinga**, donde posteriormente se convirtió en profesor.

Postuló la **mayoría de sus innovadoras teorías** siendo adolescente, las cuales se publicaron en su célebre obra ***Disquisitiones Arithmeticae*** (Investigaciones Aritméticas, 1798).

Murió en Gotinga en 1855.

INFORMÁTICA

Los ordenadores son una de las aplicaciones prácticas fundamentales de las matemáticas y la lógica. Hoy en día se encuentran en todo, desde tu teléfono hasta tu refrigerador.

2500 A. C. Los antiguos sumerios construyen una incipiente solución de cálculo manual: el ábaco

200 A. C. El matemático indio Pingala expone los números binarios, que permiten presentar un valor como un interruptor de encendido-apagado

125 A. C. El mecanismo griego "Antikythera", que se cree fue uno de los primeros ordenadores mecánicos, se usa para trazar las posiciones de los planetas

1823 Charles Babbage diseña la "máquina diferencial", que sirve para automatizar cálculos complejos

1832 Las tarjetas perforadas son una forma de almacenamiento de datos

1843 La británica Ada Lovelace escribe el primer programa de ordenador, diseñado para operar en la nueva "máquina analítica" de Babbage

1847 George Boole desarrolla su álgebra para manipular variables lógicas verdaderas/falsas

1936 Alan Turing publica un trabajo científico en el cual propone un modelo matemático de un ordenador de uso general, conocido ahora como la "máquina de Turing"

1944 El ordenador electromecánico Colossus en el centro británico de decodificación en Bletchley Park, creado para descifrar el código alemán Lorenz, comienza a procesar mensajes

1946 Se presenta en el Laboratorio de Investigación Balística de los E.E. U.U., en Maryland, el ENIAC, un ordenador totalmente electrónico de uso general

1951 El UNIVAC, creado por los inventores del ENIAC, es el primer ordenador electrónico en lograr el éxito comercial

1953 La Universidad de Mánchester, Inglaterra, construye el primer ordenador a base de transistores

1957 Se desarrolla FORTRAN, el primer lenguaje de programación de alto nivel

1971 Se produce el primer microprocesador comercial, con un gran número de transistores en un chip semiconductor

Y desde este momento, los ordenadores salieron de los laboratorios y se integraron a cada aspecto de nuestras vidas

AUGUSTIN-LOUIS CAUCHY

Cauchy redactó unos 800 trabajos de investigación, sentando las bases del análisis matemático moderno y realizando contribuciones importantes a la física matemática.

1789 Cauchy, hijo de un oficial de policía de alto rango, nació durante el inicio de la revolución francesa

1793 Durante la época conocida como el "Terror", su familia huye de París

1802 A su vuelta, Cauchy destaca en la École Centrale du Panthéon, una de las mejores secundarias de París

1807 Se gradúa de la prestigiosa École Polytechnique y comienza a estudiar ingeniería civil

1812 Después de trabajar en la base naval de Napoleón en Cherbourg, Cauchy regresa a París soñando con una carrera académica en matemáticas

1815 El intelecto de Cauchy le merece el puesto de profesor de matemáticas en la École Polytechnique, puesto que conserva tras la caída de Napoleón

1818 Cauchy se casa con Aloïse de Bure, cuya empresa familiar publicó muchos de sus tratados. La obra de vida de Cauchy abarca 27 volúmenes

1830 Después de la revolución de julio, privado del derecho al voto, Cauchy se marcha a un exilio de ocho años

1838 Vuelve a París y le conceden varios puestos de relevancia en universidades, incluyendo la Academia de Ciencias

1857 Muere en Sceaux, París, de un padecimiento bronquial. Su nombre está inscrito en la Torre Eiffel junto al de otros 71 científicos

LOGROS CLAVE

Cauchy ganó el **Gran Premio** de la **Academia Francesa de Ciencias** en 1816 por sus teorías sobre la propagación de ondas.

Cauchy fue **la primera persona en demostrar el teorema del número poligonal de Fermat**.

Este establece que cada entero positivo puede escribirse como una suma de no más de *n números n*-gonales. Donde, por ejemplo, los números 3-gonales son los números triangulares—1, 3, 6, 10, ..."

Desarrolló la **compleja serie de funciones**, produciendo lo que se conoce como el teorema integral de Cauchy.

En 1827, Cauchy halló una forma detallada de describir cómo los **materiales se deforman bajo tensión**.

GEOMETRÍA NO EUCLIDEANA

Por milenios, los axiomas de Euclides rigieron las reglas de la geometría. Posteriormente, en el siglo XIX, los matemáticos comenzaron a preguntarse qué ocurriría si aminoraran estas restricciones.

- **300 A. C.** Euclides escribe un tratado sobre la geometría de los espacios planos
- **c.1830** El ruso Nikolai Lobachevsky y el húngaro János Bolyai, publican, por separado, sus trabajos sobre geometría hiperbólica
- **1854** El matemático alemán Bernhard Riemann introduce las herramientas matemáticas para estudiar espacios curvos; llamada geometría Riemanniana
- **1859** El británico Arthur Cayley comienza con el estudio de la geometría elíptica
- **1868** El matemático italiano Eugenio Beltrami inventa el disco de Poincaré

PARALELISMO

Quizá el más importante de todos los axiomas de Euclides fue el **postulado del paralelismo**, es decir, la noción de que las **líneas paralelas siguen siendo paralelas en todo momento**.

A inicios del siglo XIX, varios investigadores concibieron una geometría donde l**as líneas paralelas divergen**.

Mientras las reglas de Euclides tenían que ver con el espacio plano, la nueva visión se conoció como **"geometría hiperbólica"**, ya que describía un **espacio que se curvaba asemejándose a una hipérbola**.

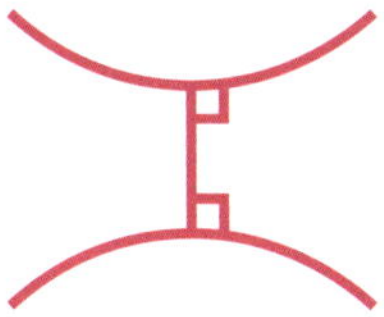

Hiperbólica

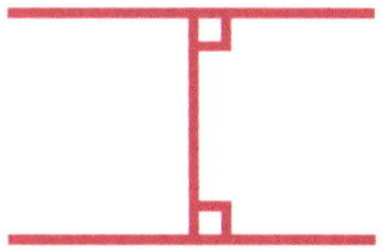

Euclideana

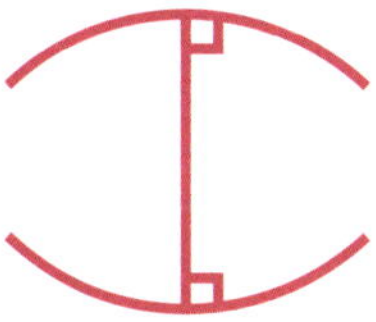

Elíptica

FUNCIONES SUPERIORES

También existen **equivalentes hiperbólicos a las funciones del espacio plano**. En tanto que la **trigonometría de espacios planos** se basa en los senos y cosenos, estos son reemplazados por **funciones análogas** en el **espacio hioerbólico**, llamadas **sinh** y **cosh**.

GEOMETRÍA ELÍPTICA

Puede considerarse que la **geometría hiperbólica** trata **curvas negativas**, pero también **existen espacios con curvatura positiva** donde convergen líneas paralelas. Estas son geometrías elípticas. La más sencilla es una **esfera como la Tierra**. Imagina dos líneas en el ecuador apuntando hacia el norte, las cuales son paralelas, y sin embargo, se **cruzan en el polo norte**.

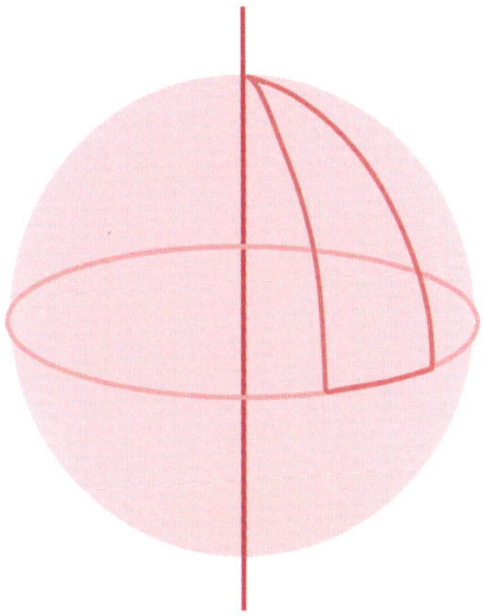

TEORÍA DE GRUPOS

La teoría de grupos se usa para clasificar los objetos matemáticos de acuerdo con sus propiedades y simetrías. Tiene aplicaciones en la física de partículas y la criptografía.

¿QUÉ ES?

El **apasionado matemático** francés **Évariste Galois** desarrolló, a inicios del siglo XIX, la **teoría de grupos** como una **rama de las matemáticas**.

Postuló que los **miembros de un grupo G**, deben satisfacer los siguientes **cuatro axiomas**:

1. El **resultado de combinar dos elementos de G también debe ser un elemento de G**.

2. Cada grupo tiene un **elemento identidad único**, el cual **no tiene efecto** cuando se combina con cualquier otro.

3. Por cada elemento en G, existe un **elemento inverso** que se combina con este para crear **el elemento identidad**.

4. Combinar elementos dentro de G es un **proceso asociativo**; es decir, **x combinado con** (y combinado con z) **es lo mismo que** (x combinado con y) **combinado con z**.

ÉVARISTE GALOIS

SIGLO XIX

- **Nació** el 25 de octubre de 1811, en Bourg-la-Reine en el imperio francés
- Se gradúa en estudios de matemáticas de la **École Normale** de **París**, el 29 de diciembre de 1829
- Publica 3 investigaciones sobre matemáticas en el año 1830
- Es arrestado y encarcelado tras una protesta política en 1831. Desarrolla su trabajo matemático mientras se encuentra en prisión
- **Muere** el 30 de mayo de 1832, a los veinte años, de una herida de bala recibida en un duelo

EJEMPLO

Los números enteros pueden ser vistos como un grupo, cuyos elementos se combinan a través de la suma.

El elemento identidad es 0, puesto que para cualquier elemento x, $x + 0 = x$.

El inverso de x es $-x$, puesto que $x + -x = 0$, el **elemento identidad**.

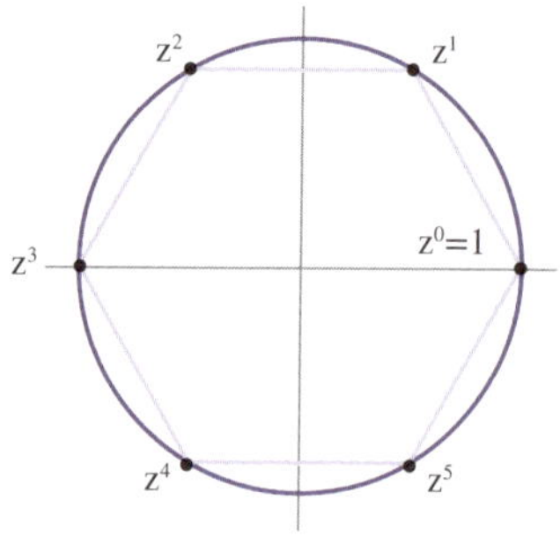

APLICACIONES

Se ha usado la teoría de grupos de manera efectiva para **clasificar simetrías en las leyes de la física fundamental**. Se usa, además, en la **creación de códigos y claves**. También puede describir los movimientos permitidos en un cubo **Rubik**.

GEOMETRÍA DIFERENCIAL

Una vez que se acepta que pueden existir las geometrías curvas o "no euclideanas", el desafío se convierte en describirlas matemáticamente. Ahí es donde entra la geometría diferencial.

CURVATURA GAUSSIANA

Haz rollo una hoja de papel y parece curva. Sin embargo, esta **curvatura solo es "extrínseca"**, es decir, se puede desenrollar el papel y extenderlo plano. Por otra parte, una esfera es **"intrínsecamente" curva**. No se puede tomar su superficie y extenderla plana **sin cortarla o rasgarla**, un poco como la cáscara de una naranja.

El matemático alemán **Carl Gauss** se dio cuenta de esta distinción al inicio del siglo XIX y la nombró **"Theorema Egregium".** La usó para crear una medida de cuán intrínsecamente curvo es un espacio. Esto se denomina **"curvatura gaussiana".**

Es **negativa para espacios hiperbólicos**, cero para **espacios planos** o **cilíndricos**, y positiva para espacios **elípticos o esféricos**.

VARIEDADES DE RIEMANN

El matemático alemán **Bernhard Riemann** llevó la idea más lejos, desarrollando un marco matemático mediante el cual se miden distancias y ángulos, y otras propiedades geométricas de una superficie curva general.

De hecho, **no todas las superficies curvas** se ajustan al tratamiento de **Riemann**. Las que sí se ajustan, llamadas "variedades de Riemann", son **uniformes,** por lo que se pueden realizar cálculos en cualquier punto.

GEODÉSICAS

En el espacio plano euclídeo, la ruta más corta entre dos puntos es una línea recta. En el espacio curvo, estos caminos más cortos, llamados "geodésicas", también se hacen curvos. Por ejemplo, en una esfera como la Tierra, las geodésicas son "grandes círculos" que circundan el globo.

RELATIVIDAD GENERAL

En 1915, **Albert Einstein** aplicó los principios de la **geometría diferencial** al **espacio** y el **tiempo**. Su **teoría general de la relatividad** postulaba que la **gravedad se manifiesta encorvando el espacio-tiempo**. Einstein desarrolló una ecuación que **relaciona la curvatura geométrica del espacio-tiempo con el contenido material del universo**.

$$R_{\mu\nu} - \frac{1}{2} R g_{\mu\nu} = (8\pi G)\, T_{\mu\nu}$$

Curvatura del espacio-tiempo — *Constantes* — *Energía y momento*

CHARLES BABBAGE

Babbage hizo historia al inventar los primeros ordenadores del mundo. Estos dispositivos mecánicos formaron la base de la tecnología informática actual.

Hijo de un banquero, nació en Londres el **26 de diciembre de 1791**.

En **1810**, asistía a la Universidad de Cambridge.

Babbage y sus amigos fundaron la Sociedad Real Astronómica en **1820**.

Fue profesor lucasiano de matemáticas en la Universidad de Cambridge durante once años.

Babbage murió en **1871**, tras una carrera de 40 años. Rechazó los nombramientos de caballero y barón.

A inicios del siglo XIX, los cálculos se realizaban de **manera manual usando tablas matemáticas impresas**. Babbage reconoció cuán restrictivo era este proceso

A Babbage le convencieron de que podía construirse una **máquina para automatizar los cálculos de manera rápida** y **precisa**. En 1823 recibió apoyo **gubernamental** para su diseño proyectado: **"la máquina diferencial"**

El dispositivo constaba de **ruedas dentadas** que funcionaban como **maquinaria de reloj**, y recibía **energía de una manivela**. Tenía una **capacidad de 20 dígitos** y el resultado se estampaba en **láminas metálicas delgadas** que se convertían en placas de impresión

Se produjo un pequeño modelo funcional en 1832, el cual podía **elevar números al cuadrado y al cubo**, y **sacar las raíces de ecuaciones cuadráticas**. A pesar de la financiación gubernamental, **los costos se salieron de control** y nunca se completó la máquina diferencial **a escala completa**

Al inicio de la década de 1830, Babbage empezó a trabajar en una **máquina más grande y sofisticada**, diseñada para **calcular cualquier función matemática**. Esta **"máquina analítica"** usaba como entradas tarjetas perforadas y podía **almacenar y procesar 1000 números de 40 dígitos**. De igual forma, tampoco la completó

Posteriormente, **se construyó una máquina diferencial funcional** a diseño de Babbage en el museo de Ciencia de Londres en 1991

PETER GUSTAV LEJEUNE DIRICHLET

Inspirado por el trabajo de Carl Friedrich Gauss, Dirichlet fue un matemático que realizó contribuciones a la teoría de números, el análisis de Fourier, las ecuaciones diferenciales y la estadística.

Dirichlet nació en 1805 en Düren, un pueblo a las orillas del Rin, en Alemania, que se encontraba bajo dominio francés.

Era el menor de siete hijos de una familia modesta. Sus padres apoyaron su educación y estudió en el **Jesuit Gymnasium** (escuela católica) en **Colonia**, bajo tutela del brillante físico y matemático Georg Ohm.

Dirichlet estudió matemáticas en París y se convirtió en tutor privado. Volvió a Alemania, donde se hizo **profesor de matemáticas** en las universidades de **Breslau**, **Berlín**, y **Gotinga**.

Dirichlet **murió** en Gotinga en 1859.

FAMOSO POR

La **teoría de números** era su mayor fascinación, y su demostración del **Último Teorema de Fermat** (abajo), para el caso cuando n = 5 le significó fama instantánea. Posteriormente, terminó la demostración para el caso cuando n = 14.

$$x^n + y^n = z^n$$

En 1837 publicó el **"Teorema de Dirichlet sobre Progresiones Aritméticas"**, el cual usaba el **análisis matemático** para tratar de resolver **problemas algebraicos**. En el proceso, creó su propia rama de la **teoría analítica de números**. Propuso el concepto moderno de función (una regla que define relaciones entre variables). Por ejemplo, y = f(x), donde por cada x, hay una y única relacionada con ella.

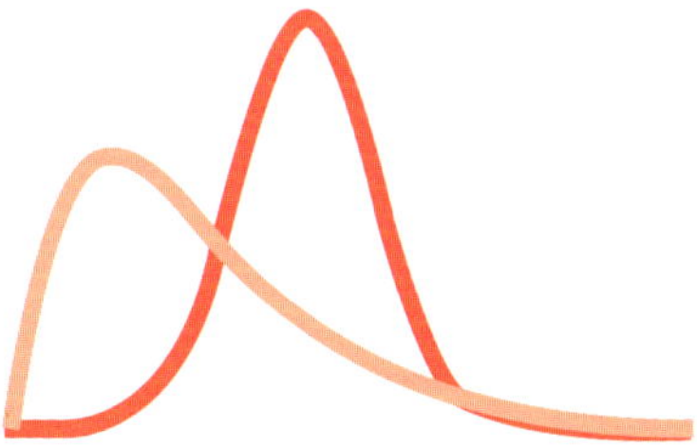

La **distribución de Dirichlet**, de la teoría bayesiana de probabilidades, lleva su nombre.

¿SABÍAS?

Se ha dado el nombre de Dirichlet a un cráter lunar y un asteroide (11665), **en su honor**.

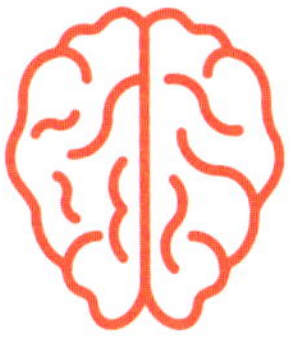

Su cerebro está preservado en el departamento de **fisiología de la Universidad de Gotinga**, junto con el de **Gauss**.

ADA LOVELACE

Lovelace fue una aristócrata victoriana fascinada con las matemáticas. En una época donde pocas mujeres eran aceptadas en círculos académicos, ella llegó a ser la primera programadora informática.

10 de diciembre de **1815** La Honorable Augusta Ada Byron nace en Londres. Es hija de Lord Byron y su esposa Anne Isabella Milbanke

1816 Dos meses después de nacida, sus padres se separan

1824 Byron muere cuando Lovelace tiene ocho años

c.1820s Lady Byron alienta el enorme interés de su hija en las matemáticas y logra que la brillante erudita escocesa Mary Somerville le dé lecciones privadas

1833 Somerville presenta a Lovelace con Charles Babbage, inventor del ordenador mecánico con su "máquina diferencial". Lovelace queda fascinada, y a Babbage lo impresiona ella igualmente. Se convierte en su mentor y amigo de toda la vida

1835 Se casa con William, 8º Barón Rey, quien se convierte en Conde de Lovelace. Tienen tres hijos juntos

1842 Lovelace traduce un artículo del matemático italiano Luigi Menabrae sobre el nuevo ordenador de Babbage, la "máquina analítica", su diseño más exitoso. Ella adjunta notas elaboradas describiendo el funcionamiento de la máquina, una tarea increíblemente compleja

1843 Se publica el trabajo de Lovelace, y recibe enormes elogios. En él, describe cómo la máquina analítica podía programarse para calcular los números de Bernoulli. Esto se considera como el primer algoritmo de ordenador publicado

27 de noviembre de **1852** A la edad de 36 años, muere Lovelace de cáncer uterino. El incipiente lenguaje de programación "Ada" fue nombrado posteriormente así en su honor

WILLIAM ROWAN HAMILTON

El matemático irlandés William Rowan Hamilton descubrió los cuaterniones, que son extensiones de los números imaginarios en dimensiones superiores; y reformuló la teoría clásica de la mecánica.

UNA VIDA EN LAS MATES

- Hijo de un abogado municipal, Hamilton nace en Dublín, en 1805
- A los tres años lo envían a vivir con su tío, quien dirige una escuela en County Meath. Hamilton muestra un talento notable en las lenguas clásicas y antiguas. Estudia matemáticas, física y los clásicos en la **Trinity College de Dublín,** donde es un estudiante destacado
- En 1827, Hamilton es nombrado profesor de astronomía en la Trinity College, y Astrónomo Real de Irlanda. Vive en el **Observatorio de Dunsink** durante toda su vida adulta

- Hamilton hace su descubrimiento trascendental en el álgebra de los cuaterniones, caminando por Dublín un día
- Es nombrado caballero por el lord teniente de Irlanda en 1835
- Hamilton **muere** en 1865 a los sesenta años, después de un severo ataque de gota provocado por comer en exceso y beber

GENIALIDAD JUNTO AL PUENTE

Hamilton realizó investigaciones en **óptica** y **dinámica**, pero su mayor logro reside en el descubrimiento del **álgebra de cuaterniones**.

Comprendió que los **números complejos** podían presentarse como **puntos sobre un plano**, con la parte real en un eje y la imaginaria en el otro. Lo que quería hacer era colocarlos en un **espacio tridimensional** y entender cómo podían **multiplicarse y dividirse**.

El 16 de octubre de 1843, Hamilton tuvo una idea brillante mientras caminaba por Dublín con su esposa. Se le ocurrió usar **cuádruples en vez de tripletas**. No pudo resistir grabar su **ecuación de cuaterniones** en la cantería del puente de **Brougham**.

$$i^2 = j^2 = k^2 = ijk = -1$$

Hamilton dedicó la mayor parte de su vida a su estudio y **aplicaciones en la geometría**.

MECÁNICA CLÁSICA

En 1833, Hamilton desarrolló una formulación de la mecánica clásica en torno a lo que se conoció como el hamiltoniano de un sistema físico: la suma de sus energías cinética y potencial. Hoy en día se usa en la física cuántica.

CUATERNIONES

Los cuaterniones llevan los números complejos a dimensiones superiores. Tienen aplicaciones para describir la rotación en la mecánica y en los gráficos de ordenador, y se usan ampliamente en la física teórica.

DIAGRAMA DE ARGAND

Los **números complejos** constan de una parte real y una **parte imaginaria**, y generalmente, toman la forma $z = a + bi$, donde i es el número imaginario unitario, definido tal que $i^2 = -1$, y a y b son números reales ordinarios.

Los números complejos pueden trazarse en un **plano 2-**D, llamado el **diagrama de Argand**. El componente real se encuentra sobre el eje horizontal y el componente imaginario sobre el vertical.

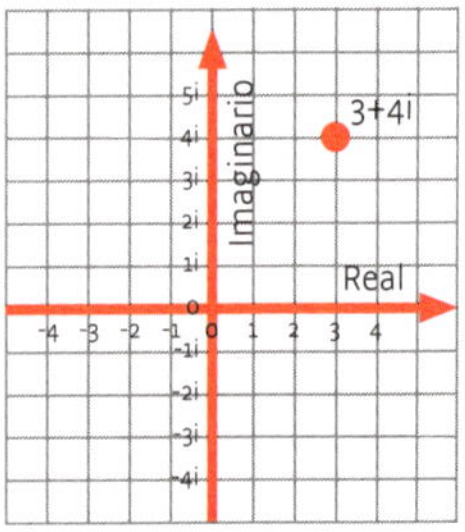

¿QUÉ SON LOS CUATERNIONES?

El matemático irlandés del siglo XIX William **Rowan Hamilton** se preguntó si era posible añadir un **componente imaginario** adicional, extendiendo el **plano de Argand a tres dimensiones**.

No obstante, halló que los cálculos sólo funcionaban añadiendo **dos dimensiones imaginarias adicionales**. Los **nuevos números complejos** de Hamilton tomaron la forma general $z = a + bi + cj + dk$, donde a, b, c, y d son números reales e i, j, y k son unidades imaginarias distintas, que obedecen la relación:

$$i^2 = j^2 = k^2 = ijk = -1$$

Hamilton llamó a sus números complejos tetradimensionales, "cuaterniones".

¿CÓMO FUNCIONAN?

La definición siguiente indica que:

$$ij = k, \quad ij = -k,$$
$$jk = i, \quad jk = -i,$$
$$ki = j, \quad ki = -j.$$

La multiplicación de **cuaterniones no es conmutativa**, es decir, ij no es lo mismo que ji.

Los cuaterniones describen **rotación** puesto que el efecto de **multiplicar un número imaginario "puro" j** por uno **i,** es rotar j **hacia la dirección k**.

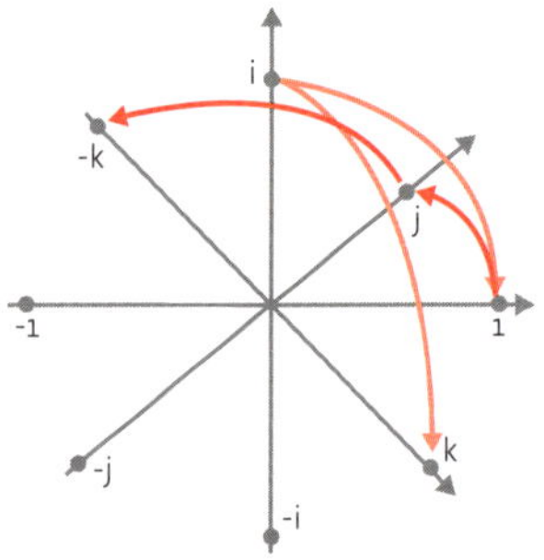

APLICACIONES

Rotación: la capacidad de los cuaterniones para describir la rotación ha derivado en su uso en los **gráficos de ordenador** y en la **navegación aérea**.

Física: los cuaterniones pueden usarse para formular el **electromagnetismo** y son **análogos a las matrices** que describen el giro de las **partículas subatómicas en la teoría cuántica**.

OCTONIONES

Los octoniones son una extensión de los **cuaterniones,** de 4 a 8 dimensiones. Son un tema de investigación muy actual, y se especula que podrían ofrecer revelaciones para la **complicada unificación de la gravedad y la física cuántica**.

CONJETURA DE CATALAN

Este teorema sobre teoría de números fue planteado en 1844 por el matemático de origen belga Eugène Charles Catalan. Finalmente, se demostró un siglo y medio después, en 2002.

LA CONJETURA

Catalan observó que los **números 8 y 9** pueden escribirse como **2^3 y 3^2**, respectivamente. Es decir, dos enteros, ambos elevados a potencias enteras, dan como resultado dos enteros consecutivos.

Su conjetura era que, **con la excepción del 0 y el 1, el 2 y el 3 son las únicas potencias** para lo cual esto es posible.

El problema puede formularse mediante la **ecuación diofantina**,

$$x^a - y^b = 1$$

y equivale a afirmar que la **única solución para a y b,** siendo ambos mayores a 1, es

$$a = 2, b = 3, x = 3, y = 2$$

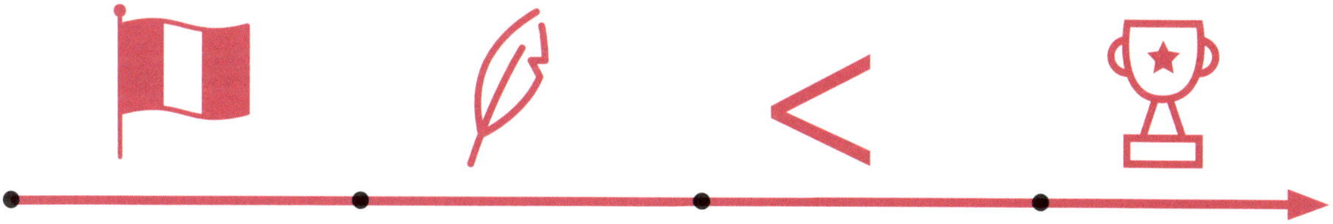

1343 Se cree que la conjetura era conocida por el estudioso francés Gersonides

1844 Catalan hace su planteamiento del problema

1976 El matemático neerlandés Robert Tijdeman es capaz de establecer límites a a, b, x, y y

2002 En abril de este año, 158 años después del planteamiento del problema, el matemático rumano Preda Mihăilescu finalmente demuestra la conjetura de Catalan

EUGÈNE CHARLES CATALAN

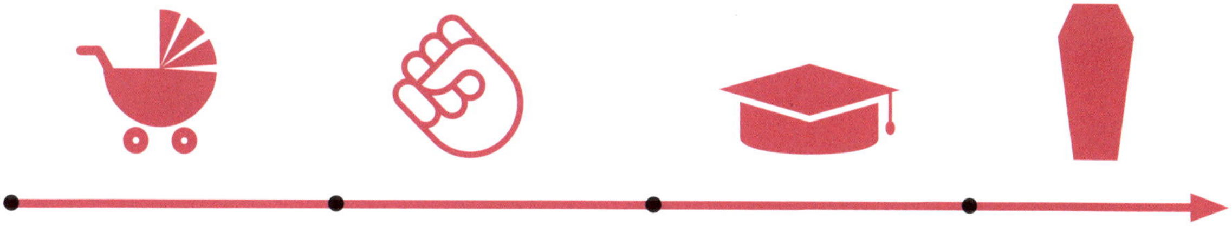

1814 Catalan, hijo de un joyero, nace el 30 de mayo en la ciudad de **Brujas**

1848 Con una fuerte ideología de izquierda, Catalan participa en la revolución llamada la Primavera de los Pueblos

1865 Se hace titular de la cátedra de análisis matemático en la Universidad de Lieja

1894 Catalan **muere** el 14 de febrero, en la ciudad belga de Lieja

NÚMEROS TRASCENDENTES

Si pensabas que los números irracionales eran extraños, entonces, los números trascendentes te parecerán aun más raros, ya que no pueden ser construidos usando álgebra ordinaria.

1844 Joseph Liouville da los primeros ejemplos de números trascendentes

1873 Charles Hermite prueba que *e* es trascendente

1874 Georg Cantor inicia su trabajo sobre la naturaleza infinita de los números trascendentes

1882 Ferdinand von Lindemann demuestra la naturaleza trascendente de la célebre constante π

1900 David Hilbert plantea su "séptimo problema", que dice que si *a* es un número algebraico y *b* es irracional pero también algebraico, entonces ¿es a^b siempre trascendente?

1936 Aleksandr Gelfond y Theodor Schneider demuestran que la respuesta al séptimo problema de Hilbert es "sí"

¿QUÉ SON?

La **raíz cuadrada de un entero que no es un cuadrado perfecto será un número irracional**. Por ejemplo,

$$\sqrt{2} = 1{,}41421356\ldots$$

Es **irracional porque tiene un número infinito de dígitos**, pero **puede escribirse como una operación algebraica estándar** (una raíz cuadrada) **aplicada a un número racional** (en este caso, 2).

En cambio, **los números trascendentes** no pueden construirse de esta manera. Algunos ejemplos son la **proporción geométrica** π y **el número de Euler**, e.

También se conocen como **números no algebraicos**.

LOS NÚMEROS MÁS COMUNES

A pesar de su aparente rareza, los **trascendentes son el tipo más común de números**. En la década de 1870, **Georg Cantor** demostró por primera vez que existe un infinito contable de números trascendentes, y entonces, que los **números trascendentes son infinitos**. Eso significa, **en realidad**, que casi **todo número es trascendente**.

EJEMPLOS

Números trascendentes conocidos:

e, π, e^{π}

e^a (cuando a es algebraico y no es 0)

a^b (donde *a* es algebraico pero no 0 o 1, y *b* es irracional pero no trascendente)

$\sin(a)$

$\cos(a)$

$\tan(a)$

$\ln(a)$

Los cuatro ejemplos anteriores son trascendentes cuando *a* es algebraico y diferente de cero. Nota, esto significa que los logaritmos y las funciones trigonométricas no son algebraicos.

GEORG FRIEDRICH BERNHARD RIEMANN

En su corta carrera, este geómetra alemán hizo historia al establecer las ecuaciones matemáticas que Albert Einstein usó como el marco de su teoría general de la relatividad.

10/10

17 de septiembre de **1826** Riemann nace en el reino de Hannover, actual Alemania. Sufre crisis nerviosas de niño y muestra ansiedad social

1840 a 1846 Riemann asiste al colegio en Hannover y a la secundaria Johanneum Lüneburg, donde su genio matemático asombra a sus profesores

1846 En la Universidad de Gotinga, Carl Friedrich Gauss exhorta a Riemann a estudiar matemáticas en vez de teología. Riemann toma su consejo y asiste a la Universidad de Berlín, guiado por lumbreras, como Peter Dirichlet

1854 Presenta sus teorías sobre geometría, que se convertirían luego, en las matemáticas de la relatividad general

1859 Riemann recibe el puesto de jefe de matemáticas en la Universidad de Gotinga

1862 Se casa con Elise Koch y tienen una hija juntos

1866 Los ejércitos de Hannover y Prusia chocan en Gotinga y Riemann se ve forzado a huir

1866 Muere de tuberculosis durante una estadía cerca del lago Maggiore en Italia

SU INOLVIDABLE LEGADO

Riemann **cambió el curso de la ciencia** a través de su **innovadora manera de considerar la geometría**. Creía que los elementos clave de la geometría eran un **espacio de puntos** (llamado colector) y un sistema que mide distancias a lo largo de curvas de ese espacio.

También creía que el espacio podía ser de **dimensiones infinitas**. Esto formó la base **matemática de la geometría en 4-D**, que es la **clave para comprender el espacio-tiempo en la teoría de la relatividad de Einstein**.

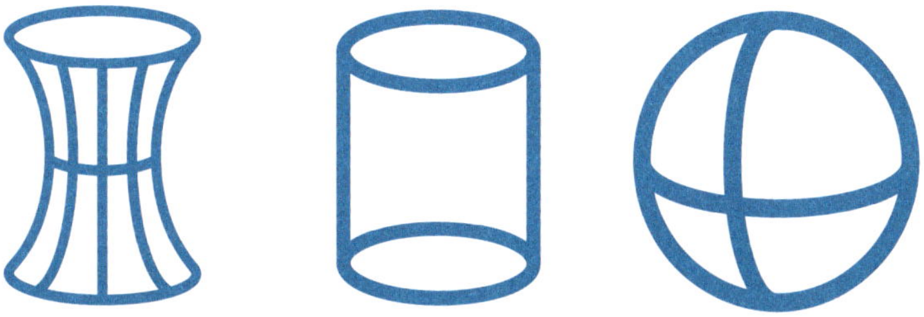

NIELS HENRIK ABEL

Este brillante joven noruego murió a los 26 años; sin embargo, con sus descubrimientos, que abarcan los campos de las ecuaciones quínticas y las funciones elípticas, dejó un legado imborrable.

¿QUIÉN FUE ABEL?

Nació en **Nedstrand, Noruega,** en 1802. Era hijo de un pobre ministro luterano. Entró a la **Universidad Real Frederick**, en **Christiania (Oslo)** en 1821, donde ya tenía fama de ser el **matemático más talentoso del país**.

PRINCIPALES LOGROS

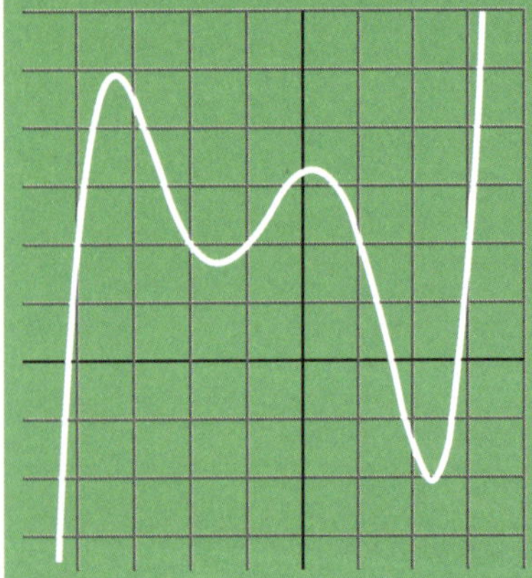

Abel intentó hallar una solución para las **ecuaciones quínticas**, con las cuales los matemáticos habían batallado durante 250 años. Estas son funciones definidas por un **polinomio de grado 5**. Por ejemplo,

$$g(x) = ax^5 + bx^4 + cx^3 + dx^2 + ex + f = 0$$

donde a, b, c, d, e, y f son **números reales** y a es **diferente de cero**. Abel descubrió que una **solución algebraica general a una ecuación de quinto grado o mayor**, como esta, **es imposible**.

Abel fue el **primer matemático en resolver una ecuación integral**, en la cual la variable desconocida, x, se encuentra dentro de una operación de cálculo integral. Por ejemplo,

$$\int_0^x \frac{\phi(s)}{\sqrt{x-s}}\, ds = 0$$

En 1826, Abel viajó a **París**, que era la meca de los matemáticos. Escribió una **obra clave** sobre la **teoría de las integrales de las funciones algebraicas**. Contenía lo que ahora se conoce como el teorema de **Abel**, el cual es importante en la **teoría de las funciones elípticas y sus integrales**.

TRÁGICA PÉRDIDA

Abel contrajo **tuberculosis** en París y se puso muy grave en un viaje de trineo para ver a su prometida **Christine Kemp** en Froland. Murió el 6 de abril de 1829.

EL PERMIO ABEL

El **legado de Abel** sigue vivo a través del **premio epónimo** que otorga anualmente el rey de Noruega a un **matemático destacado**. Se creó en 2002 (el bicentenario del nacimiento de Abel) y **se inspiró directamente en el Premio Nobel**.

EL TEOREMA DE LOS CUATRO COLORES

¿Cuántos colores diferentes se necesitan para llenar un mapa en 2-D de tal forma que no haya dos territorios adyacentes del mismo color? La experiencia sugiere que cuatro. Sin embargo, demostrarlo era otra cosa.

1852 Augustus De Morgan postula la conjetura de los cuatro colores en una carta a William Rowan Hamilton

1879 Arthur Cayley publica una obra que ahonda en el problema y cómo podría resolverse

1890 Percy Heawood encuentra un problema con una demostración potencial del teorema, propuesta por Alfred Kempe 11 años antes

1976 Kenneth Appel y Wolfgang Haken publican su prueba del teorema en ordenador

1994 Un nuevo algoritmo reduce los 1938 gráficos de Appel y Haken a solo 633

¿QUÉ ES?

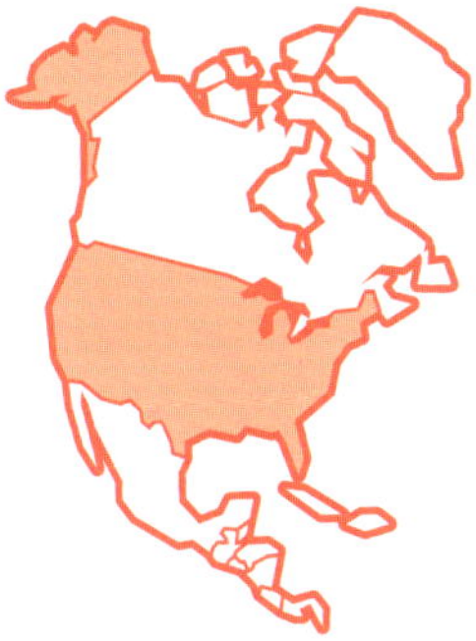

Se sugirió el problema por primera vez al matemático irlandés **William Rowan Hamilton** en 1852 en una carta de su colega **Augustus De Morgan**.

De hecho, se **necesitaban algunas simplificaciones**. **Las regiones que se unían en un punto no contaban como adyacentes**. Y se hizo el supuesto adicional de que todos los **países eran contiguos**, a diferencia del mundo real donde, por ejemplo, Alaska no es contiguo al resto de los Estados Unidos.

MAPAS A GRAFOS

El primer paso hacia la demostración era hallar una manera **sistemática de clasificar los mapas**. Esto se hizo usando **teoría de grafos**. Se asignaron distintas **regiones del mapa** a vértices del grafo, mientras que las orillas del grafo representaban las fronteras entre cada región.

Aun así, había **9000 posibles grafos** que podían dibujarse.

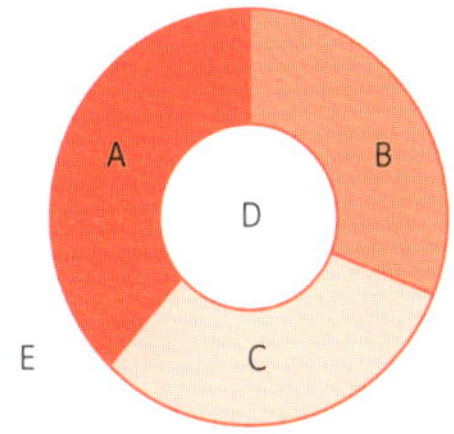

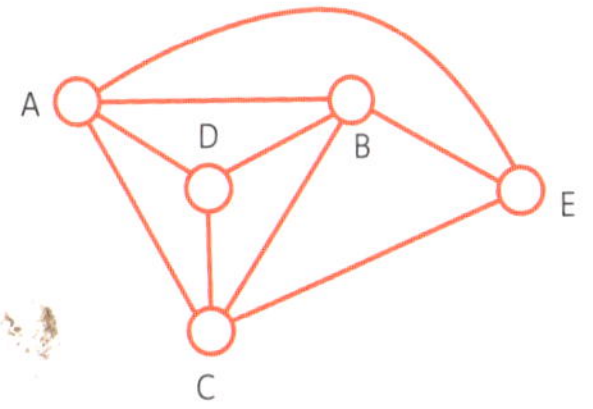

LA DEMOSTRACIÓN

Hacia 1976, **Kenneth Appel** y **Wolfgang Haken**, de la Universidad de Illinois, lograron reducir el número de configuraciones únicas a 1938. Luego, escribieron un programa de ordenador para verificar que **ninguna de estas requiriera cinco o más colores para ilustrar**, una hazaña que tomó **1000 horas** de cómputo.

LÓGICA BOOLEANA

El matemático del siglo XIX, *George Boole, desarrolló una manera sistemática de escribir las reglas de la lógica, nombrada en su honor. Es la base de la electrónica digital y el diseño de software.*

SIGLO XIX

1815 George Boole nace en Lincoln, Inglaterra

1854 Boole publica "Una investigación de las Leyes del Pensamiento", donde postula los principios de la lógica booleana

1864 Boole muere en Cork, Irlanda

1886 Charles Sanders Peirce analiza cómo implementar la lógica booleana con interruptores

1965 El lógico Lofti Zadeh introduce la lógica difusa para manejar verdades parciales

1995 Un grupo de investigadores construye las primeras puertas de lógica cuántica, para su uso en los futuros ordenadores cuánticos

¿QUÉ ES?

La lógica de Boole tiene que ver con la **"lógica proposicional"**, que analiza si las afirmaciones son o no verdaderas o falsas. Las afirmaciones pueden ser del tipo: "todos los perros son marrones", que toma el valor falso, o "Londres es la capital de Inglaterra", que toma el valor verdadero.

Boole **codificó "verdadero" y "falso" en variables** y luego diseñó formas de combinarlas, prácticamente de la misma forma en que el álgebra ordinaria asigna **números a símbolos** y establece reglas para la manera en que los símbolos pueden luego manipularse.

PUERTAS LÓGICAS

Dos variables lógicas pueden combinarse usando **puertas lógicas**. Por ejemplo, una **puerta "Y"** combina dos variables booleanas X y Y para producir una tercera variable, Z, de acuerdo con la tabla siguiente:

Aquí "verdadero" se representa con el dígito 1, y "falso" con 0.

Entradas		Salida
X	Y	Z
0	0	0
0	1	0
1	0	0
1	1	1

Existen otras funciones lógicas como **"O"**:

Entradas		Salida
X	Y	Z
0	0	0
0	1	1
1	0	1
1	1	1

Y "NO":

Entradas	Salida
X	Z
0	1
1	0

LA HIPÓTESIS DE RIEMANN

Propuesta por Bernhard Riemann en 1859, esta afirmación sobre los ceros de la función zeta de Riemann podría contener la clave para la distribución de los números primos. Ahora, hay que demostrarla.

LA FUNCIÓN ZETA DE RIEMANN

La hipótesis de Riemann se relaciona con una entidad matemática conocida como **función zeta de Riemann**. Se define como:

$$\zeta(s) = \sum_{n=1}^{\infty} \frac{1}{n^s} = \frac{1}{1^s} + \frac{1}{2^s} + \frac{1}{3^s} + \ldots$$

En general, la **función puede tomar valores complejos** (es decir, un componente real y un componente imaginario), al igual que su **variable de entrada**.

LOS CEROS DE $\zeta(s)$

La función zeta de Riemann, $\zeta(s)$, es cero cuando s es un **entero par negativo** (es decir, −2, −4, −6). Estos se conocen como los **ceros triviales** de $\zeta(s)$.

Sin embargo, existen otros ceros no triviales cuando *s* toma otros valores. La hipótesis de Riemann afirma que por cada cero **no trivial** de $\zeta(s)$, la **parte real** de s es ½.

En otras palabras, todos los ceros no triviales de $\zeta(s)$ se dan cuando s = ½ + xi, donde x es un **número real arbitrario** e i es el **número imaginario unitario**.

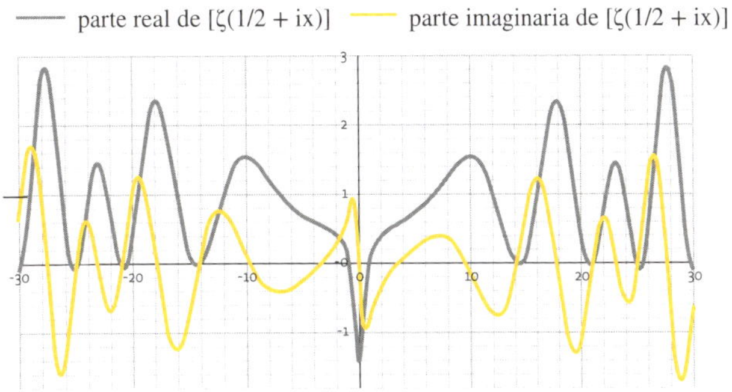

NÚMEROS PRIMOS

Si la hipótesis de Riemann es correcta, la función zeta de Riemann condensa la **distribución de los números primos**. En particular, el número de primos menores a cualquier número *x* es:

$$\pi(x) = R(x) - \sum_{\rho} R(x^{\rho}),$$

donde

$$R(x) = \sum_{n=1}^{\infty} \frac{\mu(x)}{n} \operatorname{li}(x^{1/n})$$

Aquí, $\mu(x)$ es la **función de Mobius**, li es la **integral logarítmica**, y (crucialmente) ρ se refiere a los ceros no triviales de $\zeta(s)$ para los cuales la parte real de s = ½.

x	π(x)
10	4
100	25
1000	168
10000	1229
100000	9592
1000000	78.498

Por esta razón se ha nombrado como el **problema matemático más importante sin solución**.

PREMIO DEL MILENIO

El Clay **Mathematics Institute** coloca a la hipótesis de Riemann entre uno de sus **siete Problemas del Milenio**. Existe un premio de **$1 millón para la persona que pueda proporcionar una demostración aceptable**.

FLORENCE NIGHTINGALE

Conocida como "la dama de la lámpara," Florence Nightingale también fue una matemática muy talentosa y maestra en la representación gráfica de estadísticas.

DIAGRAMA DE LA ROSA

En 1854, Nightingale llevó a un grupo de enfermeras a Crimea para que cuidaran de soldados británicos enfermos y heridos. Después de 2 años, guardó los registros de la **tasa de mortalidad** y la **causa de muerte de los pacientes del Barrack Hospital, de Scutari**. Nightingale ilustró sus **datos** en forma de **gráfico circular**, conocido ahora como el **diagrama de la rosa**.

Nightingale sabía que había más muertes por infecciones que por heridas, lo que indicaba claramente el gráfico. Con a**decuada higiene médica**, las **muertes en el hospital disminuyeron a 2%**. El ejército británico estaba tan impresionado con el trabajo de Nightingale que fundó nuevos departamentos de ciencias médicas y sanitarias para mejorar los servicios de cuidado de la salud.

abril de 1855 a marzo de 1856

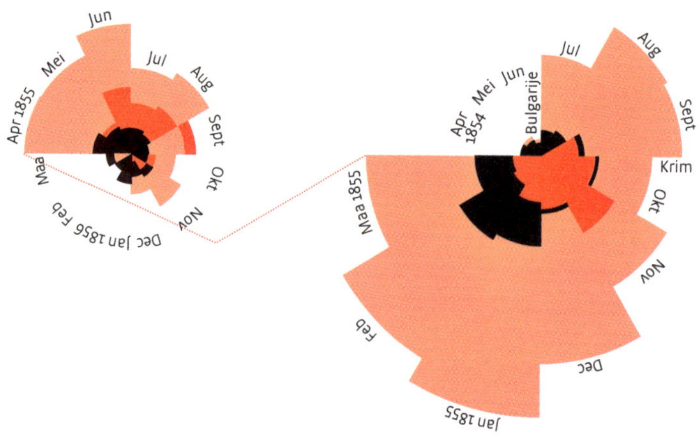

***Cuña rosa:** muertes causadas por infecciones*
***Cuña roja:** muertes causadas por heridas*
***Cuña negra:** muertes por cualquier otra causa*

¿SABÍAS?

Florence Nightingale nació en 1820 en **Florencia, Italia,** en una familia acaudalada.

Recibió educación en casa por parte de su **padre William**, y disfrutaba las matemáticas.

De niña, **hacía tablas** donde llevaba registro del **contenido de su huerto**.

Escribió varios libros sobre cuidado de la salud, enfermería e higiene.

Murió mientras dormía, el 13 de agosto de 1910 a la edad de 90 años

Hoy en día, la **visualización de datos** es una rama crucial de la **estadística y la ciencia de datos**.

SOFIA KOVALEVSKAYA

Además de realizar contribuciones a la teoría de las ecuaciones diferenciales y el análisis matemático, esta matemática rusa rompió enormes barreras para las mujeres en toda Europa.

UNA GENIO EUROPEA

Moscú
Kovalevskaya nace el 15 de enero de 1850. Su padre trabaja como teniente general en el ejército imperial ruso. **Recibe educación de institutrices y tutores privados de matemáticas**, quienes notan su gusto por el cálculo desde pequeña

Heidelberg
Las mujeres tienen prohibido asistir a las universidades rusas por lo que Kovalevskaya y su marido, **Vladimir**, estudiante de paleontología, se mudan a **Heidelberg** en 1869. Ahí recibe permiso para tomar clases de física y matemáticas en la universidad

Londres
Kovalevskaya y su marido Vladimir visitan **Londres**, donde se mueven en círculos prestigiosos. Él trabaja con el antropólogo **Thomas Huxley** y **Charles Darwin**, mientras Kovalevskaya conoce intelectuales, incluyendo al autor, **George Eliot**

Berlín
Al mudarse a Berlín en 1870, a Kovalevskaya le niegan la entrada a la Universidad de Berlín, por lo que continúa sus estudios con **Karl Weierstrass**, conocido como el **"padre del análisis moderno"**

Gotinga
Kovalevskaya presenta su tesis doctoral en la Universidad de Gotinga sobre integrales elípticas, la dinámica de los anillos de Saturno y las ecuaciones diferenciales parciales (el teorema de **Cauchy-Kovalevskaya**). En 1874, se convierte en la primera mujer en tiempos modernos en recibir un doctorado de matemáticas de una universidad europea

Estocolmo
En 1883, a Kovalevskaya le **ofrecen un puesto como profesora de matemáticas en la Universidad de Estocolmo**. Seis años después, se convierte en la primera mujer en obtener una cátedra completa de matemáticas, en una universidad del norte de Europa

DATOS Y CIFRAS

En **1878** tuvo una hija llamada **Sofia** (también conocida como "**Fufa**").

Escribió dos obras, una memoria y una novela llamada La Chica Nihilista.

En **1884**, se convirtió en editora de ***Acta Mathematica*,** una publicación científica.

Murió el 10 de febrero de 1891 a los 41 años después de contraer **influenza** en **Niza**.

ÁLGEBRA ABSTRACTA

La teoría de grupos es sólo un ejemplo de lo que los matemáticos llaman "álgebra abstracta", que trata de la aplicación de principios algebraicos a las estructuras matemáticas generales como la lógica y la geometría.

SIGLO XIX

1832 Évariste Galois plantea las primeras ideas de la teoría de grupos

1847 George Boole publica lo que ahora se conoce como álgebra booleana

1854 El matemático británico Arthur Cayley presenta la primera definición de un grupo abstracto

1871 El matemático alemán Richard Dedekind introduce los conceptos de anillos y campos

1921 La matemática alemana Emmy Noether da la definición moderna de anillo

1958 El matemático francés Alexander Grothendieck establece las bases de la geometría algebraica moderna

ESTRUCTURAS ALGEBRAICAS

Cuando **aprendemos álgebra** en la escuela, simplemente reemplazamos números con símbolos. A dichos símbolos pueden luego aplicarse las **operaciones aritméticas básicas** (+, −, ×, ÷, etc.), lo que nos permite resolver ecuaciones.

El álgebra abstracta amplía el campo más allá de los números hacia **objetos matemáticos más abstractos** conocidos como **estructuras algebraicas**.

GRUPOS Y LÓGICA

Las estructuras algebraicas se definen axiomáticamente, un poco como los grupos, los cuales son un ejemplo.

Pero también existen otras estructuras; algunas son más complicadas y otras no tanto.

El álgebra booleana, el **álgebra de la lógica**, es un ejemplo.

Puerta	Símbolo	Operador
y		A.B
o		A + B
no		$\overline{A}$
n y	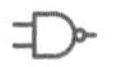	$\overline{A.B}$
n o		$\overline{A + B}$
x o		$A \otimes B$

ANILLOS Y CAMPOS

Otras dos estructuras algebraicas, para las cuales se pueden componer álgebras abstractas, se conocen como "anillos" y "campos".

Los anillos son una extensión de los grupos que permiten la suma, resta y multiplicación. Los enteros son un ejemplo de un anillo.

Los campos admiten la suma, resta, multiplicación y también división. La inclusión de la división significa que los **números reales** (incluyendo, aunque no exclusivamente, a los enteros) **son ejemplo de un campo**.

Cada tipo posible de geometría da origen a su propio **"anillo polinomial"**; estas **estructuras algebraicas forman la base de una visión algebraica de la geometría**.

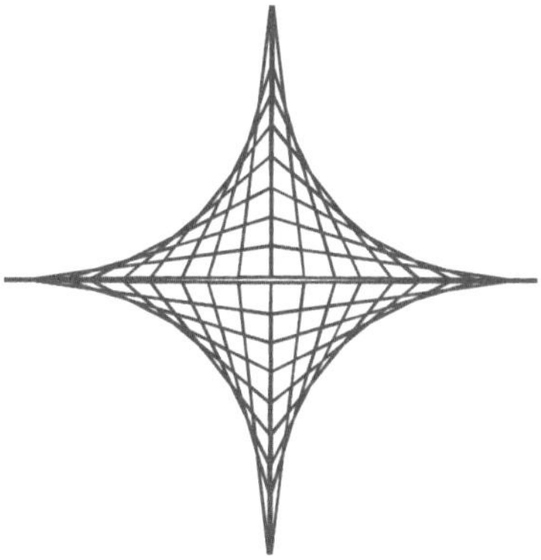

GEORG CANTOR

Georg Cantor fue un genio atribulado que sufría severos episodios de depresión. Desarrolló la teoría de conjuntos, dentro de la cual el infinito se convierte en un concepto real en vez de uno hipotético.

3 de marzo **de 1845** Cantor nace en San Petersburgo, Rusia. De pequeño, resulta ser un violinista excepcional

1856 Después de padecer una enfermedad, el padre de Cantor se lleva a la familia a Fráncfort, donde los inviernos son más benignos. Cantor destaca en matemáticas y trigonometría, en particular

1862 Realiza estudios en el Politécnico Federal Suizo en la ciudad de Zúrich y en las universidades de Berlín y Gotinga, donde obtiene su doctorado en 1867

1869 Cantor inicia su larga carrera en la Universidad de Halle, Alemania, donde obtiene un puesto de profesor a los 34 años

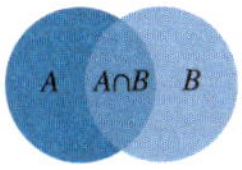

1874 Cantor inicia el trabajo de su vida sobre teoría de conjuntos, es decir, la matemática de las colecciones de objetos. Esta rama establece un nuevo reino, el de las matemáticas del infinito

1874 Cantor se casa con Vally Guttmann y tienen seis hijos juntos

1884 Cantor sufre el primer episodio de depresión que le lleva al hospital. Su trabajo sobre números infinitos es considerado vanguardista y sus contemporáneos le lanzan críticas hirientes. A pesar de eso, continúa con su trabajo

1890 Cantor deviene el primer presidente de la Sociedad Matemática Alemana

1899 Su hijo Rudolph muere a los doce años, lo que sume a Georg en otro episodio de depresión

6 de enero **de 1918** Cantor muere de un ataque cardíaco en un sanatorio

UNA CONTROVERSIA AMARGA

Las teorías de Cantor sobre los números infinitos horrorizaron a sus colegas, en particular a su antiguo profesor, **Leopold Kronecker**, quien sostenía que "Dios creó todos los enteros, y el resto es trabajo del hombre". Lo que significaba que el infinito es sólo un constructo. **La crítica golpeó duro a Cantor** y precipitó su **depresión**.

TEORÍA DE CONJUNTOS

La teoría de conjuntos, que estudia la organización y clasificación de objetos, es un pilar fundamental de las matemáticas y tiene aplicaciones en programación de bases de datos y teoría de probabilidades.

SIGLO XIX

1874 Georg Cantor inicia el desarrollo de la teoría de conjuntos con su trabajo sobre conjuntos infinitos

1880 John Venn presenta su representación visual de los conjuntos

1901 El filósofo británico Bertrand Russell señala una paradoja de la teoría de conjuntos a manera de contradicción, la cual dice: "el conjunto de objetos que no se encuentra en un conjunto"

1908 El lógico alemán Ernst Zermelo propone el primer intento para desarrollar una nueva teoría de conjuntos que no contenga paradojas

1922 El trabajo de Zermelo se complementa y expande para convertirse en una teoría formulada por Abraham Fraenkel y Thoralf Skolem

NOTACIÓN DE CONJUNTOS

Los conjuntos se **usan para clasificar grupos de objetos**, como coches, funciones matemáticas, idiomas antiguos, etc. La teoría de conjuntos **usa esta notación**:

$\in$ significa **"es miembro de".** Así, si *x* denota una persona, y el conjunto de todas las personas es *A*, podemos decir que $x \in A$.

$\cap$ significa **"intersección entre",** o el territorio común entre dos conjuntos. Si *C* es el conjunto de todo en Francia, entonces *B* es solamente $A \cap C$.

$\subseteq$ significa **"es un subconjunto de".** Si *B* denota el conjunto de personas que viven en Francia, entonces $B \subseteq A$.

$\cup$ significa **"unión de",** o la fusión de dos conjuntos. Así, si *D* es el conjunto de personas que no están en Francia, *A* es $B \cup D$.

DIAGRAMAS DE VENN

Los conjuntos pueden **presentarse de manera gráfica**, usando un diagrama inventado a finales del siglo XIX por el matemático británico **John Venn**.

Los conjuntos se representan mediante **regiones del diagrama**, las cuales pueden traslaparse para **formar uniones e intersecciones**.

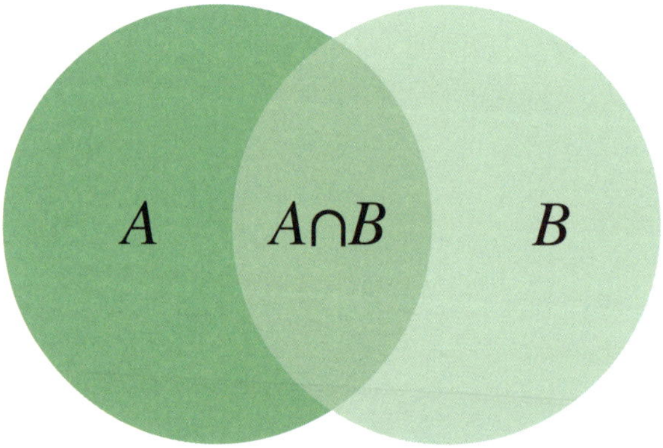

HENRI POINCARÉ

Poincaré, brillante erudito, hizo contribuciones de gran influencia en los campos de la topología, la mecánica celeste, la relatividad, las ecuaciones diferenciales y la teoría de grupos.

NIÑEZ Y EDUCACIÓN

Poincaré nació en una familia con gran futuro en 1854 en **Nancy**, Francia. Su padre era profesor de medicina en la Universidad de Nancy, y su primo **Raymond Poincaré llegaría a ser presidente de Francia** de 1913 a 1920.

El joven Poincaré se enfermó gravemente de difteria durante la niñez, pero se recuperó y asistió al **Lycée Nancy (escuela secundaria)**. Estudió matemáticas en la **École Polytechnique**, en París.

En 1879, Poincaré obtuvo su **doctorado en el campo de las ecuaciones diferenciales**. Trabajó como ingeniero ferroviario y de minas mientras también enseñaba en la **Universidad de Caen y en la Sorbona**.

Cosechó muchos **premios en su carrera**, incluyendo la Medalla de Oro de la Sociedad Astronómica Real de Londres **(1900)**.

Poincaré **murió en 1912 de una embolia** después de **cirugía de próstata**. Tenía 48 años.

SU MAYOR OBRA

Poincaré creó una **nueva rama de las matemáticas**, la teoría cualitativa de las ecuaciones diferenciales, la cual examina las **propiedades de las ecuaciones diferenciales en otros factores diferentes de sus soluciones**.

Poincaré estudió el **movimiento del electrón** y formuló una teoría que casi **anticipó el descubrimiento de Einstein** de la relatividad especial para cuerpos que se mueven a gran velocidad.

Analizó el **problema de los tres cuerpos en la física gravitatoria**, con miras a responder la pregunta de si el sistema solar es estable. Haciendo esto, demostró que el **movimiento de los planetas podía ser caótico**.

A **Poincaré le fascinaba la topología** y realizó avances importantes usando **formulaciones algebraicas**.

Escribió artículos y libros sobre física y matemáticas para el lector general, con el objetivo de **popularizar la ciencia e incrementar su comprensión**.

HERMANN MINKOWSKI

Minkowski, tutor de Einstein, es famoso por haber demostrado que la teoría de la relatividad especial de su antiguo estudiante podía interpretarse geométricamente como un espacio-tiempo en 4-D.

GENIO RUSO

Minkowski nació el 22 de junio de 1864, en **Aleksotas**, en el imperio ruso (parte de la actual Lituania). **Sus dos padres eran judíos**.

Para escapar de los **pogromos** en Rusia, la familia se mudó a la ciudad prusiana de Königsberg en 1872. Niño prodigio, Minkowski comenzó la universidad a los 15 años, estudiando en **Königsberg** y **Berlín**.

Siendo aún estudiante, Minkowski **ganó el prestigioso Gran Premio de las Ciencias Matemáticas** de la **Academia Francesa de Ciencias**.

$E = mc^2$

Minkowski **dio clases en las universidades de Bonn, Gotinga, Königsberg**, y en el **Eidgenössische Polytechnikum**, donde Einstein fue uno de sus estudiantes.

En 1896, publicó su obra maestra sobre teoría de números, ***Geometrie der Zahlen* (*Geometría de los Números*)**.

Se casó con **Auguste Adler** en 1897 y tuvieron **dos hijas**.

El 12 de enero de 1909, Minkowski **murió súbitamente de apendicitis**.

RELATIVIDAD ESPECIAL

En 1905, **Einstein** presentó su **teoría de la relatividad especial**, estableciendo la **relación entre el espacio y tiempo** y el **efecto que tiene en la dinámica de los cuerpos en movimiento**.

Minkowski se dio cuenta de que las **ecuaciones algebraicas de Einstein podían expresarse y comprenderse mejor en términos geométricos**. En 1907, **combinó el espacio euclídeo tridimensional y el tiempo en un conector tetradimensional**. Su representación se hizo conocida como el espacio-tiempo de **Minkowski**.

En 1916, Einstein publicó su logro superlativo, la **teoría de la relatividad general**, en la cual la fuerza de gravedad surge al introducir una curvatura en el espacio-tiempo plano de **Minkowski**.

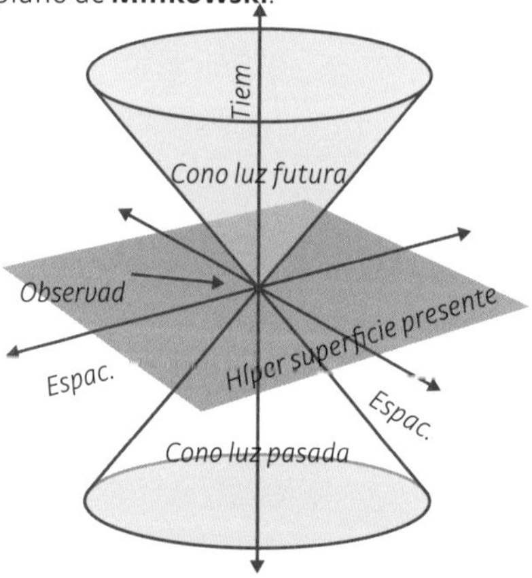

¿SABÍAS?

Minkowski llamaba a su estudiante Einstein **"perro holgazán"** ya que pensaba que no estaba interesado en las matemáticas.

TENSORES

Los tensores son disposiciones multidimensionales de números, como los vectores y las matrices. Se usan en la física y las matemáticas para capturar relaciones complejas entre cantidades.

1846 El célebre matemático irlandés William Rowan Hamilton acuña la palabra tensor

1890 El matemático italiano Gregorio Ricci-Curbastro desarrolla los métodos para el cálculo tensorial

1898 El físico alemán Woldemar Voigt da a la palabra tensor su significado actual

1915 La geometría diferencial tratada como un tensor forma la columna vertebral de la teoría de relatividad general de Einstein

TENSOR DE ESFUERZOS

Un ejemplo común en la física es el tensor de esfuerzos, **usado para caracterizar los esfuerzos deformatorios** que actúan sobre un objeto o fluido. De hecho, la palabra "tensor" se deriva del latín "*tendere*," que significa **"estirar".**

El **tensor de esfuerzos es un tensor en 2-D** que, cuando se **multiplica por un vector de longitud unitaria**, da el esfuerzo (o fuerza por unidad de área) que actúa a través de un plano perpendicular al vector.

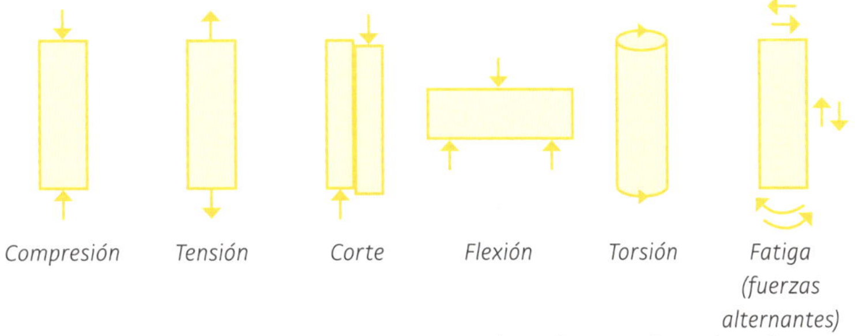

Esto da la flexibilidad para capturar las complejas **fuerzas de estiramiento y compresión** en un edificio, o quizá en la corriente de un fluido.

EJEMPLO

En dos dimensiones, el tensor de esfuerzos es como una matriz 2 × 2:

$$T = \begin{pmatrix} \sigma_{xx} & \sigma_{xy} \\ \sigma_{yx} & \sigma_{yy} \end{pmatrix}$$

Dado un vector de longitud unitaria

$$n = \begin{pmatrix} n_x \\ n_y \end{pmatrix}$$

actúa para crear un esfuerzo de $n_x \sigma_{xx} + n_y \sigma_{xy}$ en la dirección x y $n_x \sigma_{yx} + n_y \sigma_{yy}$ en la dirección y.

OTRAS APLICACIONES

ELECTROMAGNETISMO

El tensor de Faraday se construye a partir de las fuerzas de los campos eléctricos y magnéticos en la teoría del electromagnetismo de Maxwell.

RELATIVIDAD GENERAL

El **tensor de Einstein** condensa las complejas deformaciones al espacio tiempo causadas por el campo gravitatorio.

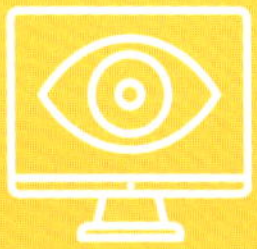

IMAGEN DEL ORDENADOR

Se usan técnicas basadas en tensores para el procesamiento y manipulación de imágenes.

LA CONJETURA DE POINCARÉ

Uno de los primeros teoremas en topología, la conjetura de Poincaré dice que los espacios esféricos en 3-D son "simplemente conexos". Fue probada en 2003, 100 años después de haber sido postulada.

1904 El matemático francés Henri Poincaré postula la conjetura que lleva su nombre

?

1982 El matemático estadounidense Richard Hamilton desarrolla la técnica geométrica del flujo de Ricci

1986 El estadounidense Michael Freedman gana la Medalla Fields por demostrar la conjetura para una esfera cuatro

2003 El matemático ruso Grigori Perelman publica una demostración de la conjetura de Poincaré para una esfera tres, usando el flujo de Ricci

2006 Se confirma la demostración de Perelman

ESFERAS TRES

Las esferas a las que estamos acostumbrados en nuestra experiencia cotidiana son **esferas dos**, es decir, superficies en **2-D moldeadas a la forma de una esfera**.

Una **esfera tres** está una **dimensión más arriba**.

¿SIMPLEMENTE CONEXOS?

Decir que una superficie es simplemente conexa significa que un **bucle arbitrario puede contraerse con facilidad hasta un punto**. Por lo general, esto es posible si la superficie **no tiene huecos**.

Por ejemplo, una banda elástica colocada alrededor de una esfera dos puede moverse de tal forma que se reduzca hasta un punto, sin tener que cortar la banda o la esfera.

Intenta esto mismo en un **toro** (una forma parecida a una rosca) y verás que **no siempre es posible**, **debido al agujero que tiene por el centro**.

EL DILEMA DE POINCARÉ

Se sabía bien que una esfera dos es simplemente conexa. Sin embargo, existía la duda de si esto también era cierto para una esfera tres. En 1904, al afirmar que probablemente lo era, Poincaré estableció su conjetura.

DEMOSTRACIÓN

El matemático ruso **Grigori Perelman** demostró en 2003 que la esfera tres es, en efecto, simplemente conexa. Usó el "flujo de Ricci", una técnica para deformar espacios topológicos, desarrollada por el estadounidense **Richard Hamilton**.

A la fecha, la conjetura de Poincaré es el único de los Problemas del Milenio del **Clay Mathematics Institute** en ser resuelto. Curiosamente, Perelman rechazó el premio de $1 millón.

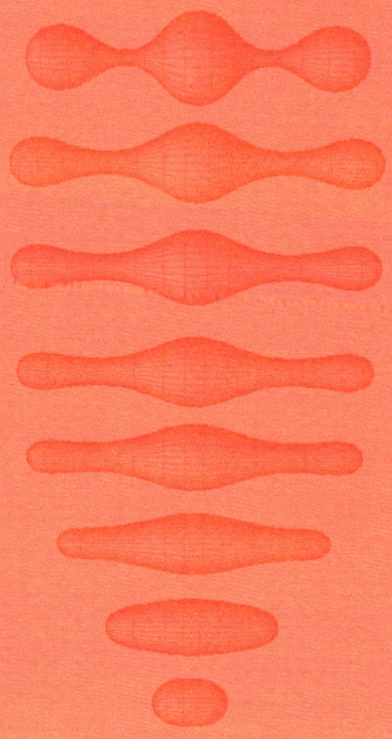

GEOMETRÍA DISCRETA

Construir formas en geometría discreta es más o menos cómo pasar una cuerda por el borde de un tablero. A pesar de su aparente sencillez, tiene aplicaciones en el diseño de software y la teoría cuántica.

¿QUÉ ES?

La **geometría común**, es decir, el estudio matemático de las líneas, ángulos, formas y sólidos, es **"continua"**, en el sentido de que permite todos los puntos en el espacio.

Sin embargo, en la **geometría discreta**, todo eso cambia. Aquí, todo lo que hay es una **red de puntos bien definida** y todas las otras regiones están restringidas.

TEOREMA DE PICK

El matemático austriaco **George Pick** logró demostrar un resultado notable en geometría discreta en 1899.

Halló una fórmula para **calcular el área de un polígono con forma arbitraria**, formado por puntos de unión en una cuadrícula discreta, cada uno separado por una unidad.

Si el número de puntos que marcan el exterior de la forma es *x*, y el número de puntos dentro de la forma (sin tocar las lindes) es *y*, entonces el área interna se obtiene con la fórmula:

$$A = \frac{x}{2} + y - 1$$

Es muy sencilla y **funciona para cualquier forma** que puedas dibujar. ¡Inténtalo!

APLICACIONES

POLÍGONOS

La geometría discreta tiene aplicaciones en el **estudio puro de las formas geométricas**, tales como los **teselados** y el embaldosado aperiódico.

TEORÍAS DE CAMPO GAUGE

Algunos modelos en **física cuántica** que funcionan haciendo **discreto el espacio y tiempo** como una **cuadrícula de puntos separados por una distancia fija**.

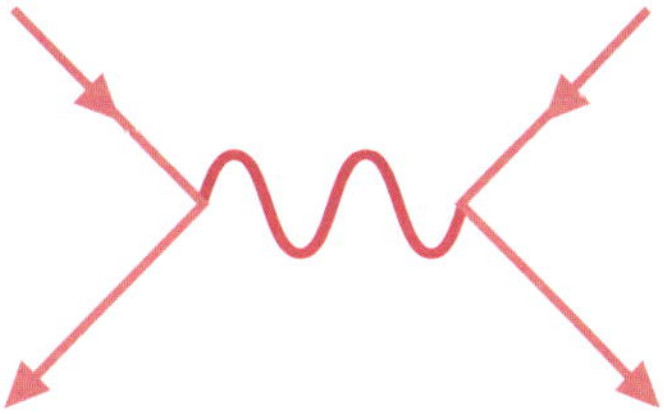

PROBLEMAS DE EMBALAJE

Los intentos para calcular la manera **más eficiente de colocar formas y objetos en un recipiente**, como la conjetura de Kepler, son problemas hechos para la geometría discreta.

GRÁFICOS DE ORDENADOR

Pareciera poco obvio en el mundo de la alta definición de hoy, pero los gráficos de ordenador también son un **elaborado constructo de la geometría discreta**.

DAVID HILBERT

Parte de la edad dorada de las matemáticas en Alemania, Hilbert estableció axiomas y métodos que hoy en día todavía tienen enorme influencia.

23 de enero de 1862 David Hilbert nace en Königsberg, Prusia, en el mar báltico. La ciudad se llama hoy Kaliningrado y es parte de Rusia.

1860s Su madre, de nombre María, que era una entusiasta matemática y astrónoma aficionada alienta a su hijo a estudiar estas disciplinas

1880 Hilbert estudia en la Universidad de Königsberg, donde posteriormente da clases. Se hace amigo de Hermann Minkowski, un destacado matemático, en lo que demuestra ser una colaboración fructífera

1896 Hilbert se hace profesor de la prestigiosa Universidad de Gotinga en Alemania. Entre algunos de los célebres alumnos y profesores están Carl Friedrich Gauss, Peter Dirichlet, y Bernhard Riemann

1930 Después de padecer una grave anemia, Hilbert deja la docencia. Tristemente, muchos de sus colegas judíos se ven forzados a huir durante las purgas de los nazis

1943 Hilbert muere el 14 de febrero. Era un hombre amigable, apasionado y optimista que inspiró a estudiantes talentosos. Su epitafio recita «Debemos saber. Sabremos»

LOGROS CLAVE

En 1888, Hilbert logró un enorme progreso demostrando su **teorema base**, una idea del **álgebra abstracta** que tiene que ver con las **propiedades de las estructuras algebraicas** conocidas como anillos.

Hilbert formuló un **conjunto definitivo de axiomas** para la **geometría euclidiana**, los cuales publicó, recibiendo elogios en 1899 .

Planteó una **serie de problemas en geometría**, álgebra y cálculo, conocidos como los **23 problemas de Hilbert**. Creía que si podían resolverse, las matemáticas progresarían enormemente. La lista incluía la **hipótesis de Riemann**, la cual tiene que ver con la estructura de la función **zeta de Riemann**. Esta hipótesis **continúa sin solución**.

$$\zeta(s) = \sum_{n=1}^{\infty} \frac{1}{n^s}$$

Hilbert fue uno de los **fundadores de la lógica matemática**. Su trabajo sobre técnicas para demostrar verdades matemáticas estableció **rigurosos métodos** de trabajo que **siguen en uso hoy en día**.

EL PRINCIPIO DE PARETO

En pocas palabras, el principio de Pareto básicamente establece que aproximadamente, 80% de los resultados provienen del 20% de las causas.

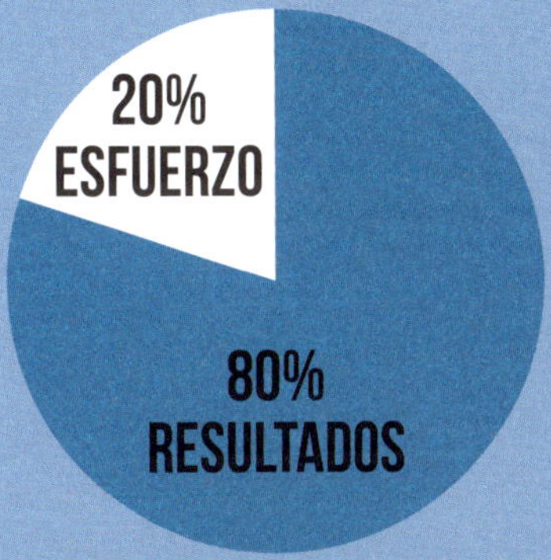

ORIGEN EN LOS GUISANTES

El principio lleva el nombre del economista italiano **Vilfredo Pareto** (1848–1923) quien observó que el **20% de las plantas de guisantes en su jardín** generaban el **80% de los mejores guisantes**.

Comenzó a aplicar esta regla ampliamente con la sociedad y realizó estudios que mostraban que cerca del **80% de la tierra en Italia** pertenecía al **20% de la población**. Llevó a cabo observaciones en otros países y halló una distribución similar.

Pareto había descubierto un patrón recurrente que aparece por todos lados; por ejemplo, la densidad de población, la eficiencia de negocios y los hábitos de consumo. También se conoce como la **regla 80-20**.

EJEMPLOS DE LA REGLA OCHENTA-VEINTE

20% de los vendedores generan 80% de las ventas.

20% de los errores de programación de software causan 80% de los fallos.

20% de los clientes representan el 80% de los beneficios de un negocio.

El 80% de los impuestos los paga el 20% de la población.

DISTRIBUCIÓN DE PARETO

En **estadística**, se trata de una **distribución de probabilidad** con la forma de la **ley de potencias**,

$$P(x) = \frac{\alpha x_m^{\alpha}}{x^{\alpha+1}}$$

donde $\alpha > 0$, y x_m es el límite inferior de x. Produce una distribución con una cola que va lentamente en declive.

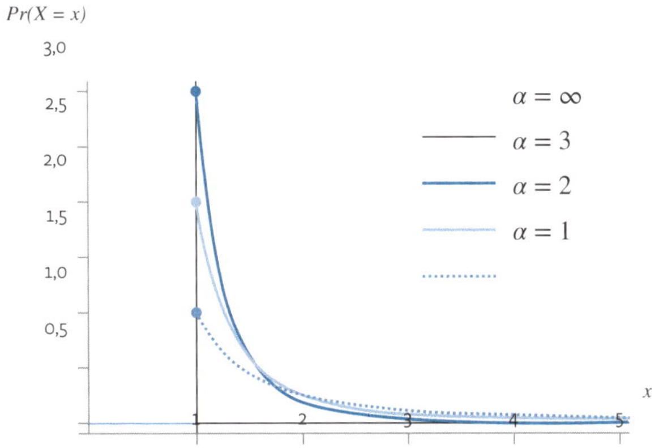

El principio de Pareto corresponde al caso especial cuando $\alpha = \ln(5) / \ln(4) \approx 1{,}161$. Donde ln es el logaritmo de base e.

Los datos sociológicos a menudo se ajustan a la distribución de Pareto. Por ejemplo, el mayor porcentaje de personas viven en un pequeño número de ciudades.

PROCESOS DE MARKOV

Los procesos de Markov, o «paseos aleatorios», ocurren cuando una variable matemática evoluciona aleatoriamente. Aparecen en la física, los juegos de azar y el estudio de mercados financieros.

PASEOS ALEATORIOS

Una **abeja de planta en planta o un borracho serpenteando entre postes de luz**, intentando encontrar su camino a casa, son ejemplos de paseos aleatorios.

Por ejemplo, comienza en un punto en el centro de una cuadrícula 2-D y en cada paso muévete aleatoriamente hacia una de las 4 direcciones posibles (arriba, abajo, izquierda o derecha).

En promedio, después de n pasos, el paseante habrá recorrido una distancia de $\sqrt{n}$ pasos desde su punto de inicio.

SIN MEMORIA

Cuando las probabilidades de que un paseante aleatorio se mueva hacia cualquier dirección dada no cambian con el tiempo, se dice que son carentes de memoria. Esto también se conoce como la propiedad de Markov, por el matemático ruso **Andrey Markov**, quien la descubrió en 1906.

Un paseo aleatorio sin memoria se conoce como un proceso de Markov o cadena de **Markov**.

EJEMPLO

Imagina un proceso que cambia aleatoriamente entre 2 estados, llamados A y B.

Digamos que si el proceso está en A, en el próximo paso se queda ahí con una probabilidad de 0,6 o pasa a B con una probabilidad de 0,4. De manera similar, si está en B, se queda ahí con una probabilidad de 0,3 o pasa a A con una probabilidad de 0,7.

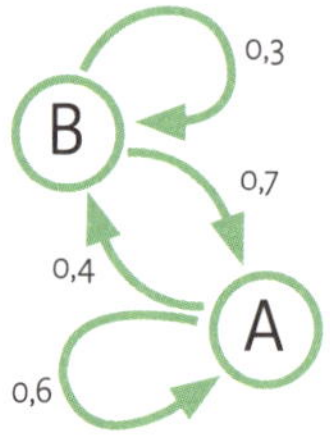

Como las probabilidades no cambian si cambia el estado, esto puede considerarse un proceso de Markov.

APLICACIONES

Juegos de azar: Si apuestas repetidamente al resultado de un lanzamiento de moneda, tu saldo bancario experimentará un **proceso de Markov**.

Ciencias físicas: Las cadenas de Markov se usan para modelar la evolución de los procesos de la física cuántica y la química.

Modelación estadística: Los procesos de **Markov** describen muchos problemas en estadística aplicada y **análisis de datos**.

SRINIVASA RAMANUJAN

En su corta vida, Srinivasa Ramanujan realizó contribuciones al análisis, teoría de números y series infinitas. Con G.H. Hardy, descubrió el primer número taxicab: 1729.

2 de diciembre de 1887 Ramanujan nace en Erode, Madras, India. En su niñez sobrevive a la viruela pero después padece de disentería

1892–1907 Ramanujan destaca en matemáticas en la universidad. No le interesan otras materias y suspende dos veces su examen de Fellow of Arts

1910 Se convierte en investigador de la Universidad de Madras

1913 Ramanujan le escribe a G.H. Hardy, profesor de Cambridge, y le presenta algunos de sus teoremas. Hardy reconoce su genio y lo invita a estudiar en el Trinity College, con una beca. Ramanujan pasa cinco años en Cambridge

1918 Se convierte en el primer indio elegido miembro del Trinity College de Cambridge. También se convierte en miembro de la Sociedad Real

26 de abril de 1920 Después de contraer tuberculosis, Ramanujan vuelve a Madras, donde muere a los 32 años

NÚMEROS TAXICAB

G.H. Hardy visitó a Ramanujan en un hospital de Londres y viajó en un taxi con el número 1729. Hardy comentó que era «un número bastante aburrido» pero Ramanujan le contradijo, diciendo «no, es un número muy interesante. Es el número más pequeño que puede expresarse como la suma de dos cubos, de dos diferentes maneras».

Las dos maneras son:
$1729 = 1^3 + 12^3 = 9^3 + 10^3$

1729 también se conoce como el «número Hardy–Ramanujan».
En general, los números taxicab, Ta(n), son los números más pequeños que pueden expresarse como la suma de dos cubos, de n diferentes maneras.

n	Ta(n)	sumas de cubos
1	2	$1^3 + 1^3$
2	1729	$1^3 + 12^3$
		$9^3 + 10^3$
3	87539319	$167^3 + 436^3$
		$228^3 + 423^3$
		$255^3 + 414^3$
4	6963472309248	$2421^3 + 19083^3$
		$5436^3 + 18948^3$
		$10200^3 + 18072^3$
		$13322^3 + 16630^3$
5	48988659276962496	$38787^3 + 365757^3$
		$107839^3 + 362753^3$
		$205292^3 + 342952^3$
		$221424^3 + 336588^3$
		$231518^3 + 331954^3$
6	24153319581254312065344	$582162^3 + 28906206^3$
		$3064173^3 + 28894803^3$
		$8519281^3 + 28657487^3$
		$16218068^3 + 27093208^3$
		$17492496^3 + 26590452^3$
		$18289922^3 + 26224366^3$

G.H. HARDY

G.H. Hardy promovió el estudio de las matemáticas puras, en particular, el análisis y la teoría de números. Sus contribuciones tocaron la física, la genética y el reconocimiento público a las matemáticas.

Godfrey Harold Hardy nació en 1877 en **Cranleigh, Surrey**. Su talento matemático brilló desde muy joven. De niño se entretenía **factorizando los números** de las canciones de la iglesia.

En 1899, Hardy se graduó en matemáticas del **Trinity College, en Cambridge**, donde se convirtió en miembro del cuerpo docente y profesor. En 1931, fue designado **profesor Sadleiriano de matemáticas puras en Cambridge**, donde permaneció hasta su muerte en 1947. Toda su vida fue pacifista y aborrecía el uso de las matemáticas en las aplicaciones militares.

DATOS DE SU CARRERA

En 1908, Hardy y el médico alemán **Wilhelm Weinberg** demostraron una ley de la genética poblacional, que posteriormente se conoció como el principio de **Hardy–Weinberg**. Este establece que la fracción de los alelos (variantes de genes específicos) se mantiene constante de generación en generación si no existen otras influencias evolutivas. Esto desacreditó **la teoría de que los alelos dominantes se hacían cada vez más comunes**.

7	3	8
6	1	9
4	5	2

Hardy colaboró ampliamente con su colega de Cambridge, el profesor **John Edensor Littlewood,** logrando avances importantísimos en la teoría de números. Esto dio como resultado una **serie de conjeturas epónimas**.

Hardy fue el mentor de **Srinivasa Ramanujan**, el famoso matemático indio. Su trabajo sobre particiones enteras y se ha aplicado con éxito en la física.

Realizó 300 trabajos de investigación y 11 libros, incluyendo ***Curso de matemáticas puras*** (1908), el cual devino un texto universitario esencial.

Hardy escribió el popular ensayo ***Apología de un Matemático*** en 1940, el cual se introducía en lo más recóndito de la mente de un matemático puro. Él defendía el valor de las matemáticas puras y explicó su belleza, comparándola con la de la poesía y la pintura.

En 1947, recibió la prestigiosa medalla Copley de la Sociedad Real por el desarrollo del **análisis matemático**.

EMMY NOETHER

Esta brillante estudiosa venció al sexismo para trabajar en el campo del álgebra abstracta y demostró el teorema de Noether, que relaciona las cantidades conservadas con las simetrías, en la física.

¿QUIÉN FUE NOETHER?

El 23 de marzo de 1882 Amalie Emmy Noether nació en **Erlangen, Bavaria**, Alemania. Su padre, Max, era matemático y la familia era judía. En 1900, se convirtió en una de las únicas dos estudiantes mujeres de la Universidad de **Erlangen**.

También estudió en la Universidad de Gotinga, un centro líder a nivel mundial para las matemáticas, donde los profesores **David Hilbert** y **Felix Klein** reconocieron su genio. En 1907, obtuvo su doctorado en invariantes algebraicos, un área de la teoría de grupos.

A pesar de la oposición de algunos académicos, **Noether Impartió cátedra durante muchos años** en el Instituto Matemático de la Universidad de Erlangen y en Gotinga. Durante periodos prolongados de su carrera, trabajó sin recibir salario.

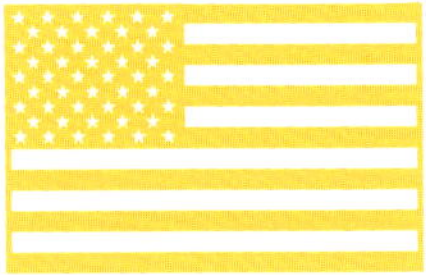

En 1933, se vio forzada a huir de Alemania debido a la persecución nazi y le ofrecieron un puesto en el **Bryn Mawr Women's College, en Pennsylvania**.

Murió el 14 de abril de 1935, tras una operación para quitarle un tumor. Recibió múltiples homenajes por parte de científicos de todo el mundo.

ÁLGEBRA ABSTRACTA

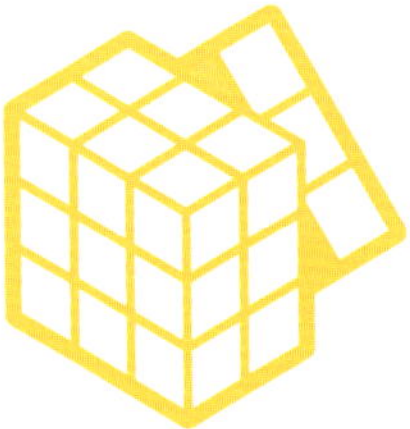

A Noether le **fascinaba el álgebra abstracta**, que es el estudio de las estructuras algebraicas como grupos, anillos, módulos, espacios vectoriales y redes de puntos. Su trabajo en este campo tuvo una enorme influencia.

TEOREMA DE NOETHER

Simetría	Ley de la conservación
Traslación en el espacio	Momento lineal
Traslación en el tiempo	Energía
Rotación en el espacio	Momento angular
Transformaciones de gauge	Carga eléctrica, débil y de color

En 1915, Hilbert y Klein convocaron a Noether para resolver un problema con la teoría de la relatividad general de Einstein. **Esta no se ceñía al principio establecido de que la energía puede cambiar de forma pero no puede destruirse**.

Noether demostró que la **energía se conservaba**, sólo que de una manera ligeramente diferente. Demostró que la conservación de la energía es **consecuencia de la simetría del tiempo** y relacionó otras cantidades conservadas con simetrías de la naturaleza.

FRACTALES

Los fractales son formas inconexas de una belleza cautivadora. Rígidas leyes matemáticas las generan con la geometría de la propia naturaleza, y tienen propiedades asombrosas.

¿QUÉ ES UN FRACTAL?

En la escuela aprendemos sobre la **geometría euclidiana** y la construcción de formas con líneas exteriores «lisas». No obstante, los fractales son **«ríspidos».**

Tienen la propiedad de **«autosimilitud»**, puesto que al hacer un acercamiento se revelan copias repetidas del fractal original.

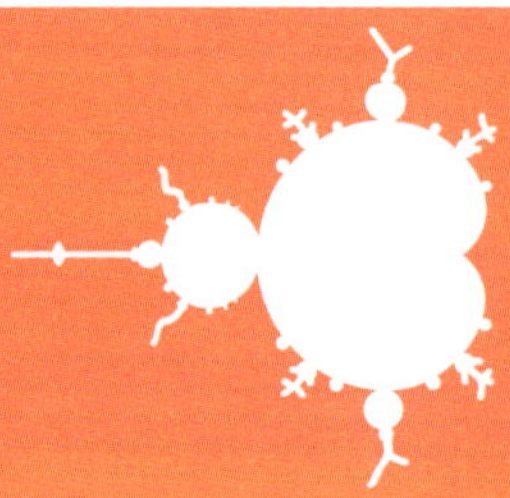

El término fractal lo usó por primera vez en 1975 el matemático belga **Benoit Mandelbrot**; derivado de la palabra latina fractus, que significa «quebrado».

EL COPO DE NIEVE DE KOCH

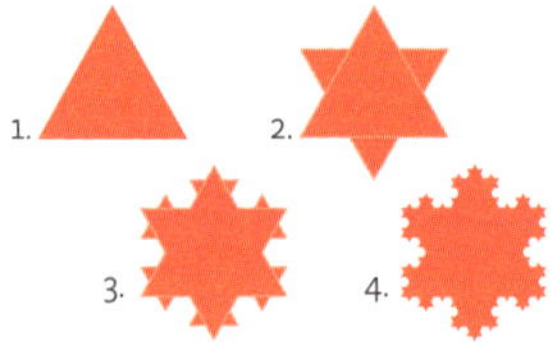

En 1904, el matemático sueco **Helge von Koch** describió uno de los primeros ejemplos conocidos de un fractal.

- Comienza con un triángulo equilátero.
- Pega otro triángulo equilátero de un tercio del tamaño, a la mitad de cada lado.
- Repite el proceso de manera indefinida.

La aplicación repetida o iteración de una regla es una característica definitoria de la simetría de un fractal. Esta es la manera en la cual los fractales logran su textura ríspida.

DIMENSIÓN DE UN FRACTAL

Aunque el borde exterior de un copo de nieve es una línea de una dimensión, su estructura enredada, en algún sentido, da una dimensión mayor a uno.

La **dimensión de cualquier fractal** se define como

$$D = -\frac{\ln N}{\ln \varepsilon}$$

donde **N es el número de piezas auto similares es la magnificación**. Para el copo de nieve Koch, cada iteración da como resultado cuatro piezas auto similares, a una magnificación de 1/3. Así,

$$D = \ln 4 / \ln 3 \approx 1{,}262.$$

CIENCIA NATURAL

Los **fractales** se usan para generar **imágenes digitales**, en el diseño de juegos de ordenador, la medicina, la geología y la sismología. Existen en la naturaleza, como en las hojas de los helechos, los árboles, los deltas de los ríos y las colas de los pavorreales. Los fractales son una manifestación geométrica de la teoría del caos.

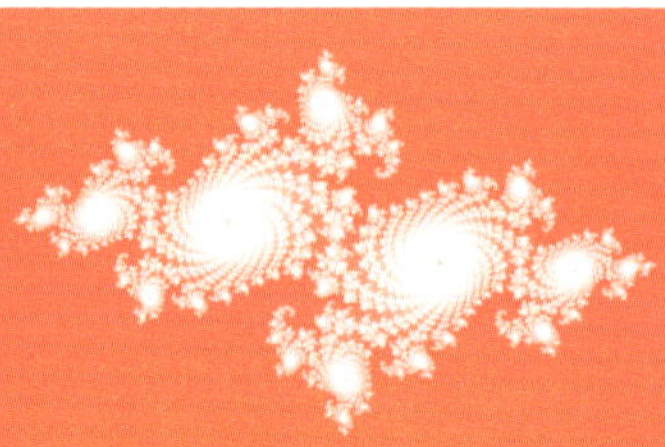

GASTON MAURICE JULIA

Este matemático francés de origen argelino vivió de 1893 a 1978. En 1918 presenta un trabajo de investigación ganador de un premio, que condujo a un incipiente tipo de fractal conocido como el conjunto «Julia».

El avance de la **tecnología informática** en los 70 revive el interés en los fractales, y se crean **conjuntos en bellas paletas** de **color y formas fascinantes**.

RONALD FISHER

Fisher, considerado uno de los más grandes científicos del siglo xx, inventó la estadística moderna y desarrolló técnicas revolucionarias para aplicarla a su otra gran pasión, la genética.

¿QUIÉN FUE RONALD FISHER?

Nacido en Londres el 17 de febrero de 1890, Ronald Aylmer Fisher fue hijo de un acaudalado subastador y comerciante de arte fino. Estudió en el **Gonville & Caius College, de Cambridge**, donde desarrolló interés por la teoría evolutiva.

En 1919, **comenzó a trabajar como estadístico**, observando pruebas en cultivos y recopilando datos. Aplicó su conocimiento sobre el campo estadístico a la evolución, con resultados muy destacados y fue pionero de gran parte de la estadística moderna.

Fisher **murió** en Adelaida, en Australia meridional, el 29 de julio de 1962.

DESCUBRIMIENTOS CLAVE

En 1918, Fisher publicó un trabajo clave que describía **herramientas estadísticas** que podían usarse para resolver controversias entre la **teoría de Darwin** de la selección natural y la teoría de herencia genética.

Introdujo el principio de «aleatorización» al diseño de experimentos. Esto se plasmó en el experimento de la «catadora de té», donde Fisher propuso deducir si **Muriel Bristol** realmente podía distinguir si se había agregado la leche primero o no (cosa que afirmaba ser capaz de hacer), sirviéndole varias tazas preparadas de manera aleatoria cada vez.

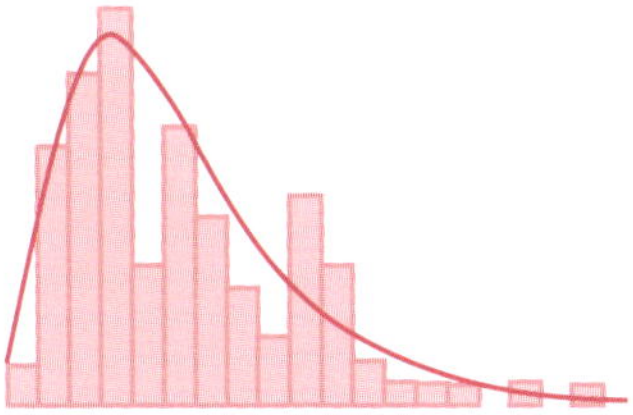

Desarrolló el **concepto de análisis de la varianza (ANOVA)**. Esta es una técnica para determinar si los puntos de datos en una muestra aleatoria provienen de la misma **población subyacente**, o de un número de **poblaciones diferentes**.

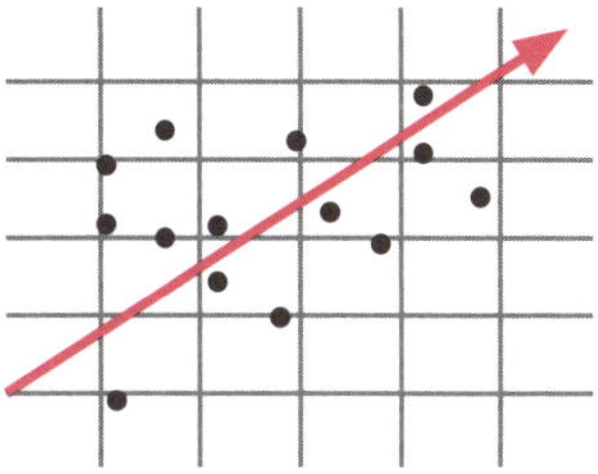

También fue el primero en desarrollar **técnicas en estadística**, como la **máxima probabilidad** para **calcular parámetros en modelos estadísticos**, distribuciones de probabilidad, y demostración de hipótesis para evaluar la veracidad (o no) de afirmaciones, dados ciertos datos.

En 1925, publicó el libro ***Métodos estadísticos para investigadores***, el cual se convirtió en un libro de referencia para científicos de todos los campos durante 50 años.

VALORES DE P

Un valor de p es una estadística calculada a partir de datos experimentales para evaluar si una hipótesis es verdadera o falsa. Muchos estadísticos creen que los valores de p se usan mal o se interpretan mal.

¿QUÉ SON?

Por lo general, se **pone en términos de una hipótesis**, **H**, que propone algún tipo de **conexión entre las cantidades** que se estudian.

El **valor de p** es la **probabilidad de ver resultados experimentales iguales** o **más extremos a los observados si no existiese dicha conexión**. La teoría de que no existe conexión alguna entre las cantidades observadas, a veces se denomina hipótesis nula, H_0.

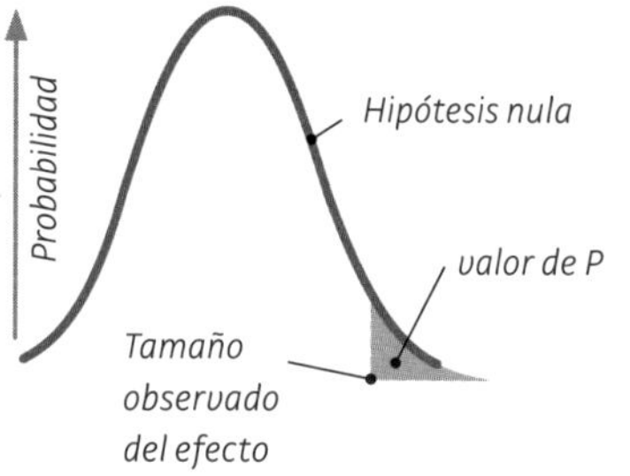

En otras palabras, el **valor de p, es la probabilidad de que los resultados salgan por casualidad**.

RELEVANCIA ESTADÍSTICA

En el pasado, los valores de p se han usado como la prueba del ácido para la **interpretación estadística de datos experimentales**.

En particular, un valor de p de 0,05 o menos, es decir, que la **probabilidad de ver resultados así de extremos por pura suerte** sea igual o menor al 5%, se ha convertido en el criterio de facto para afirmar que la **evidencia de H es estadísticamente relevante**.

¿QUÉ TIENEN DE MALO?

El problema es doble.

Primero, el **margen de 0,05 para la relevancia es arbitrario**. Si lanzas 20 hipótesis alternativas, entonces, **en promedio**, una de ellas tendrá un valor de p que parezca estadísticamente relevante.

Y segundo, el **valor de p no es la probabilidad de que H sea falsa**. Así que un **valor de p bajo no significa necesariamente una alta probabilidad de que tu hipótesis sea verdadera**.

Tabla verdad	H_0 verdadera	H_0 falsa
Prueba dice Aceptar H_0	☺	☹
Prueba dice rechazar H_0	☹	☺

CRISIS DE REPLICABILIDAD

Se cree que un mal uso y mala interpretación de los valores de p es un factor que contribuye a la famosa **crisis de replicabilidad**, que es el **hecho de que los intentos por replicar muchos estudios publicados en psicología y ciencias sociales han fallado**. La implicación es que el análisis estadístico usado para deducir resultados en los estudios originales, tenía **fallas**.

INFERENCIA ESTADÍSTICA MODERNA

Los valores de p son considerados un marco estadístico defectuoso para interpretar datos experimentales. Existe una técnica alternativa que se basa en el teorema de Bayes de la teoría de probabilidades.

MÁS ALLÁ DE VALORES DE P

Parte del problema con los valores de p es que dan la **probabilidad condicional** de ver el dato, D, dado que la hipótesis, H, es verdadera, *p(D|H)*. Pero, lo que los **científicos desean saber** es *p(H|D)*, es decir, la probabilidad de que la hipótesis sea verdadera, dados los datos.

Estas dos cantidades se relacionan mediante el teorema de Bayes.

$$p(H|D) = \frac{p(D|H)p(H)}{p(D)}$$

Y esto permite el cálculo de *p(H|D)* (llamada **probabilidad posterior**) en términos de *p(D|H)* (llamada la **probabilidad**, o **evidencia**) y nuestras expectativas previas sobre la hipótesis (llamada **probabilidad previa**).

INFERENCIA BAYESIANA

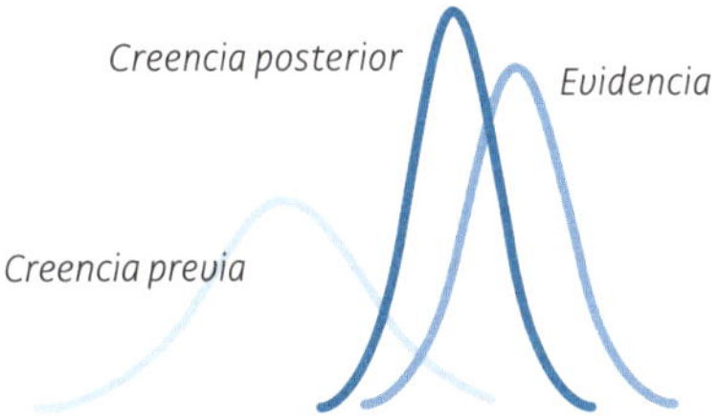

Digamos que la hipótesis se reduce al **valor de un parámetro** en un modelo. Entonces, las **creencias previas** representan una **distribución de probabilidad** de lo que creíamos inicialmente sobre el valor del parámetro, donde el punto más alto de la distribución da el valor más probable. Luego, la evidencia nos da otra distribución. Y el teorema de Bayes nos dice cómo deberíamos unir las creencias previas y la probabilidad para dar una nueva distribución de probabilidad, que representa nuestras nuevas creencias posteriores sobre el **valor del parámetro**.

INTERVALOS DE CONFIANZA

La inferencia bayesiana permite una interpretación más fluida de los datos, en vez del resultado binario sí/no de una **prueba de relevancia con un valor de p**.

La **distribución de probabilidad posterior** para H le permite a un científico preguntar «¿cuál es el **intervalo de valores de H más probable** de obtener?» Las restricciones como esta se conocen como **intervalos de confianza**. Por ejemplo, a partir de la distribución se puede calcular qué intervalo de H abarca, digamos, el 95% de las probabilidades. Esto sería un intervalo de confianza del 95%.

Sin embargo, los intervalos de confianza pueden ser más amplios (del 99%) o más reducidos (del 90%), dependiendo del problema que se tenga.

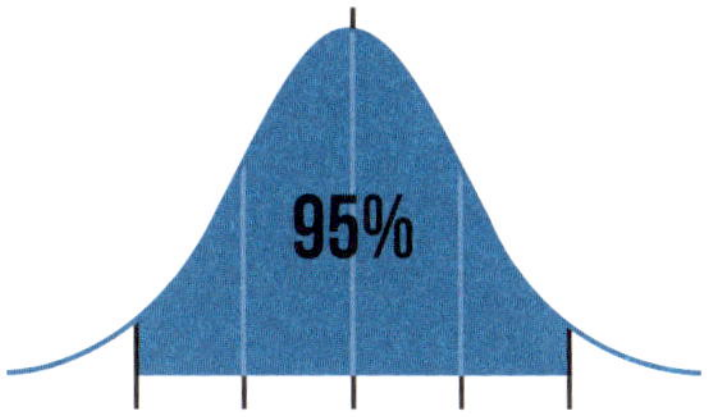

TEORÍA DE JUEGOS

La teoría de juegos es, literalmente, una rama de las matemáticas que se centra en hallar estrategias óptimas para jugar juegos. Tiene aplicaciones en el póquer, la política y la economía, y los conflictos armados.

JUEGOS DE SUMA CERO

Los juegos más sencillos se conocen como de suma cero. Esto es por la sencilla razón de que la ganancia de un jugador equivale a la pérdida del otro jugador.

$$\sum \text{«ganancias»} = 0$$

MINIMAX

En 1928, el matemático húngaro **John von Neumann** propuso que la clave de la teoría de juegos debía ser lo que llamó el teorema **minimax**. Esta dice que la estrategia óptima de un jugador es la que produzca el mejor resultado en el peor escenario.

EQUILIBRIO DE NASH

Minimax condujo directamente al concepto del equilibrio de Nash. Esta es una estrategia que, cuando se lleva a cabo por todas las partes de un juego, conduce a un estado donde nadie puede mejorar su resultado cambiando de estrategia unilateralmente. Lleva el nombre del matemático **John Forbes Nash**, quien realizó mucho del trabajo original sobre el concepto.

EL DILEMA DEL PRISIONERO

Un ejemplo clásico de **equilibrio de Nash** surge en un problema conocido como el dilema del prisionero. Se arresta a dos sospechosos por un crimen. Se les dice que si ninguno **coopera**, ambos permanecerán un año en prisión. Sin embargo, **si uno traiciona al otro**, el soplón sale libre mientras que el otro permanece tres años en prisión. Y si se traicionan mutuamente, ambos se quedan dos años.

La llamada **matriz de recompensas** para este «juego», que da el resultado para cada jugador en cada escenario posible, se ve de la siguiente manera:

B / A	**B guarda silencio**	**B traiciona**
A guarda silencio	-1 -1	0 -3
A traiciona	-3 0	-2 -2

El equilibrio de Nash es para que ambos jugadores se traicionen mutuamente (la celda inferior derecha de la matriz de recompensas), a partir de aquí, ningún jugador puede mejorar su suerte cambiando de estrategia solo.

PROBLEMA DEL AGENTE VIAJERO

Imagina un vendedor con una lista de ciudades que visitar. ¿En qué orden debería visitar las ciudades para minimizar la distancia total del recorrido? Si alguien lo sabe, por favor díganoslo.

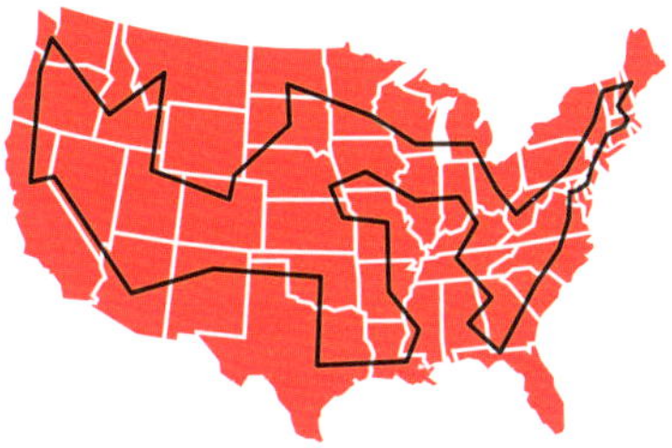

COMPLEJIDAD

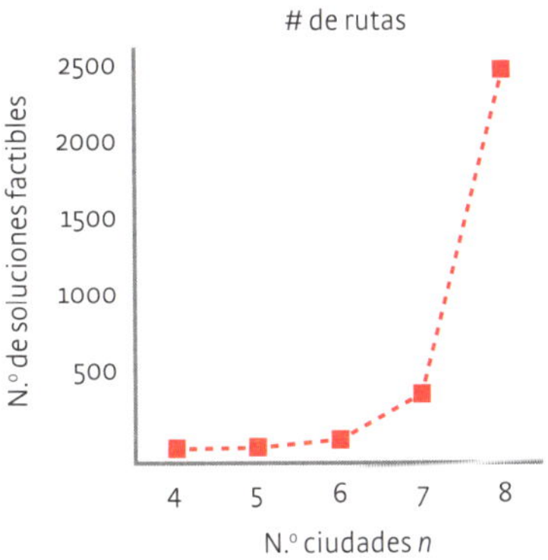

No hay solución general (es decir, una solución que se pueda dar para un número arbitrario de ciudades) conocida para el problema del agente viajero. En vez de esto, cada caso se debe resolver usando análisis numérico y técnicas de optimización. El problema es de hecho NP-complejo, lo que significa que el tiempo para encontrar una solución crece desproporcionadamente si el número de ciudades se incrementa.

RAMIFICACIÓN Y ACOTACIÓN

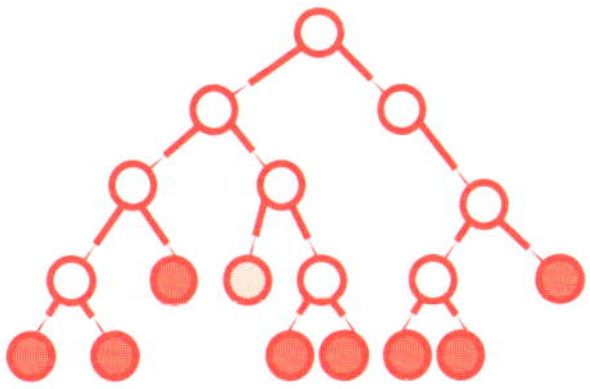

El **algoritmo informático** más eficiente para resolver el problema se llama **ramificación** y **acotamiento**, desarrollado por la británica **Ailsa Land** y la australiana **Alison Doig** en 1960.

El **algoritmo explora**, de forma sistemática, **las ramas de un árbol matemático**, en este caso, el árbol de posibles soluciones al problema, calculando saltos a la ruta más corta y descartando inmediatamente cualquier ruta que sea más larga.

APLICACIONES

Así como la **planeación de rutas** (como las que hace tu **GPS**), el problema del agente viajero también tiene aplicaciones en **manufactura**, **planificación**, **astronomía**, y **secuenciación** del **ADN**.

El problema incluso se ha extendido para incluir factores tales como el desgaste del vehículo y los embotellamientos, lo que hace que la ruta más corta no sea necesariamente la más rápida.

1832 El problema se menciona por primera vez en un manual alemán para agentes viajeros

1856 William Rowan Hamilton formula un problema similar matemáticamente, como un «juego icosiano» minimizando la distancia recorrida a lo largo de los bordes de un icosaedro

1960 Land y Doig proponen el algoritmo de «ramificación y acotamiento»

1972 El científico informático estadounidense Richard Karp demuestra que el problema es NP-complejo

2004 La implementación más grande de ramificación y acotamiento resuelve el problema del agente viajero para 24.978 ciudades

TEORÍA DE RAMSEY

Creada por el británico Frank Plumpton Ramsey, esta rama de la teoría de grafos trata sobre encontrar las condiciones bajo las cuales las afirmaciones generales de la combinatoria siguen siendo ciertas.

EL PROBLEMA DE LA CENA

Un clásico ejemplo es el de la cena. Invitas a personas a cenar. Para alentar la conversación, **quieres que al menos tres de los invitados no se conozcan entre sí, o que ya se conozcan**. ¿Cuál es el **número mínimo** de personas invitadas, para garantizar que alguna de estas ocurra?

LA SOLUCIÓN

Resulta que el número es **6**. Para ver por qué, dibuja seis puntos en una hoja de papel, cada uno representando a un invitado. Ahora, dibuja líneas desde cada uno de los invitados hasta los otros (verde oscuro si se conocen, verde claro si no).

Con 6 invitados (diagrama de la izquierda) es **imposible conectarlos a todos** sin crear un triángulo verde obscuro (tres personas que se conocen) o un triángulo verde claro (tres personas que no se conocen).

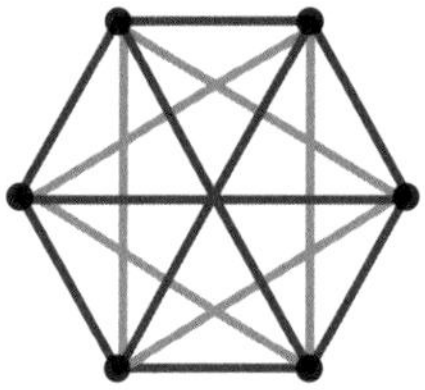

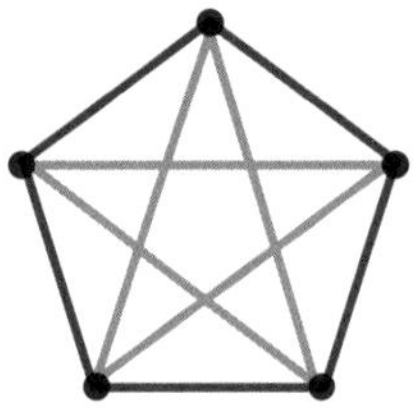

No obstante, no es el caso con solo cinco puntos (diagrama de la derecha) así que seis es el número mínimo de invitados.

NÚMEROS DE RAMSEY

Ramsey generalizó el problema de la invitación a cenar para crear los llamados **números de Ramsey**, R(m, n), que representan el número de personas a invitar de tal manera que m de ellos ya se conozcan, o n de ellos no se conozcan. Los primeros son:

m	*n*	*R(m, n)*
3	3	6
3	4	9
3	5	14
3	6	18
3	7	23
3	8	28
3	9	36
4	4	18
4	5	25

FRANK PLUMPTON RAMSEY

22 de febrero de 1903 Ramsey nace en Cambridge. Su padre, Arthur Stanley Ramsey, es también matemático y presidente del Magdalene College

1922 Ramsey aprende alemán para traducir *Tractatus Logico-Philosophicus,* de Wittgenstein

1928 Publica su trabajo sobre su teoría y el problema de la invitación a cenar

19 de enero de 1930 Muere tras una cirugía en el hospital Guy de Londres, a la edad de 26 años

JOHN VON NEUMANN

Pocos matemáticos han contribuido tanto como von Neumann. Fue un gran erudito que desarrolló un influyente trabajo en teoría de conjuntos, mecánica cuántica y teoría de juegos.

28 de diciembre de 1903 Nace Von Neumann in Budapest, Austria-Hungría. Prodigio desde niño, podía bromear en griego clásico y recitar una página completa de la guía telefónica. Asiste al LUTHERAN GYMNASIUM, una de las principales escuelas de Budapest

1923 Siendo aún estudiante, von Neumann publica el trabajo, *La Introducción a los números transfinitos*, el cual establece la definición de un número ordinal como el conjunto de todos los números ordinales más pequeños

1925 Von Neumann obtiene el título en ingeniería química por el Instituto Federal Suizo en Zúrich, y un doctorado en matemáticas un año después por la Universidad de Budapest

1928 Publica la *Teoría de los Juegos de Salón*, basada en el póker y el engaño. Esta se convierte en una obra importante en teoría de juegos

1930s John von Neumann da clases en las universidades de Gotinga, Berlín, y Hamburgo. En 1932, publica su influyente obra, *Las Bases Matemáticas de la Mecánica Cuántica*

1933 Hitler llega al poder, y como muchos judíos académicos, von Newman tiene que abandonar Alemania. Se convierte en profesor de matemáticas del Instituto de Estudios Avanzados en Princeton, Nueva Jersey

1942–46 Durante la Segunda Guerra Mundial, trabaja en el U.S. Manhattan Proyect para crear la primera bomba atómica

1956 Gana el premio inaugural Enrico Fermi, el cual se otorga por el trabajo en el desarrollo, uso, o producción de energía

8 de febrero de 1957 Von Neumann muere de cáncer en Washington D.C. Era recordado por su gran ingenio en Princeton y se decía que jugaba bromas a Einstein

TEOREMA DE INCOMPLETITUD DE GÖDEL

Formulado por el matemático húngaro Kurt Gödel, son en realidad dos teoremas que afirman que cualquier sistema matemático contiene afirmaciones que no pueden ni demostrarse ni refutarse.

EL PRIMER TEOREMA

El primer teorema de incompletitud afirma que: **cualquier sistema aritmético formal consistente T está incompleto. Esto es, existen afirmaciones con respecto a T que no pueden ni demostrarse ni refutarse dentro de T**. Esto quiere decir que hay verdades dentro del sistema matemático T que no pueden ni confirmarse ni refutarse solamente usando las reglas matemáticas contenidas en T.

EL SEGUNDO TEOREMA

El segundo teorema de Gödel continúa del primero. Dice que **ningún sistema aritmético formal puede demostrar su propia consistencia**. Es decir, la consistencia de un sistema aritmético T no puede ser demostrada dentro del marco aritmético proporcionado por T.

Ambos teoremas se publicaron en el trabajo trascendental de Gödel de 1931 **«Sobre Propuestas Formalmente no Resolubles en los Principios Matemáticos y Sistemas Relacionados I»**.

PARADOJA DE EPIMÉNIDES

Los teoremas de incompletitud pueden visualizarse de cierta forma como una **versión matemática de la paradoja de Epiménides** o **del mentiroso**. La paradoja se sintetiza en la oración autorreferencial: «esta afirmación es falsa». **La afirmación puede ser verdadera**, **en cuyo caso tiene que ser falsa**; o bien, **es falsa**, en cuyo caso tiene que ser verdadera. En otras palabras, no se puede probar si la afirmación es verdadera o no.

¿QUÉ SIGNIFICA?

Además de las implicaciones en la **integridad de las matemáticas**, El teorema de incompletitud de Gödel tiene consecuencias en otros campos.

En 1936, el científico informático británico **Alan Turing** demostró que es **imposible construir un algoritmo** que pueda determinar si un programa de ordenador arbitrario terminará eventualmente o seguirá ejecutándose para siempre. Esto se conoce como el **problema de la detención**.

Algunos físicos han afirmado que el teorema de incompletitud de Gödel también podría **descartar la posibilidad de formular una teoría del todo**, una descripción teórica unificada de todos los fenómenos del mundo físico.

ALAN TURING

Alan Mattison Turing, conocido como el «padre de la ciencia informática teórica», brilló durante la Segunda Guerra Mundial, al crear los dispositivos que descifraron los códigos militares alemanes.

- **Junio 23, 1912** Nace en Londres
- **1934** Se gradúa del King's College de la Universidad de Cambridge, con los más altos honores en matemáticas. Obtiene su doctorado en Princeton, en los E.E.U.U.
- **1938** Comienza trabajar en el sistema de cifrado alemán Enigma, en el Colegio Gubernamental de Códigos y Cifrado (GC&CS)
- **4 de septiembre de 1939** Inicia su trabajo en Bletchley Park, Buckinghamshire, sede central del (GC&CS) durante la guerra. Perfecciona la especificación de la «Bombe» una máquina electromecánica creada para descifrar el código Enigma
- **1941**Turing y su equipo del Hut 8 en Bletchley Park leen los mensajes navales de Enigma. Así, se puede alertar a los convoyes y barcos de guerra de los aliados sobre ataques de submarinos alemanes
- **1944** Una técnica creada por Turing, a la cual llamaba «Turingery», usada para determinar la configuración de los rotores de la máquina de Lorenz, se implementa en la computadora Colossus. Esto le permite al (GC&CS) intervenir los mensajes de los altos comandos alemanes
- **1945** Turing desarrolla un dispositivo de cifrado del habla, al que llama «Delilah». Recibe el reconocimiento de la Orden del Imperio Británico por su servicio
- **1946** Después de la guerra, experimenta con el diseño de ordenadores y presenta un modelo de la Máquina de Cómputo Automático, un ordenador programable totalmente electrónico
- **1952** Acusado de «indecencia desagradable» con un hombre (La homosexualidad era ilegal en Gran Bretaña en esa época). Acepta tomar un tratamiento hormonal para reducir su libido
- 8 de junio **de 1954** Turing es hallado muerto en su casa en Wilmslow, Cheshire. Se cree que se suicidó tomando cianuro. En 2013, se le otorgó el perdón real

LEY DE BENFORD

En un conjunto de datos numéricos, se esperaría que los dígitos principales de cada número estén uniformemente distribuidos. Los dígitos de menor valor son mucho más probables que dígitos más altos.

¿QUÉ ES?

El astrónomo estadounidense **Simon Newcombe** observó por primera vez el fenómeno en la década de 1880. El físico e ingeniero **Frank Benford** lo redescubrió y popularizó en 1938.

Él halló que los **dígitos principales de los números de un conjunto de datos de la vida real están distribuidos de la siguiente manera**:

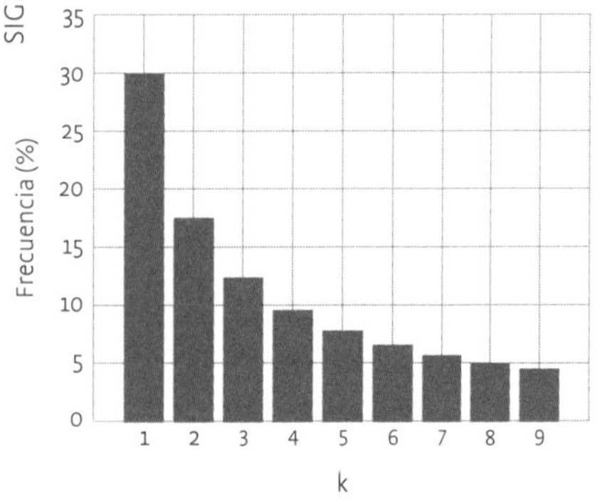

Entonces, el dígito principal tiene una probabilidad de 30% de ser «1» pero menos de 5% de probabilidad de ser «9».

Benford puso a prueba la ley en muchos conjuntos de datos, incluyendo **constantes de la naturaleza**, **estadística poblacional**, **expectativa de vida** y **tamaños de los ríos**.

FÓRMULA

La ley de Benford puede **mostrarse como una fórmula**. El dígito principal, d, para números expresados con base b, ocurre con una probabilidad

$$P(d) = \log_b \left(1 + \frac{1}{d}\right)$$

La ley se **pronuncia mayormente en conjuntos de datos grandes que contienen números que abarcan varios órdenes de magnitud**. Al momento en que se escribe esto, todavía debe hallarse una explicación completa.

DETECCIÓN DE FRAUDES

Este duro **contraste entre un conjunto de números de la vida real** y **uno que ha sido inventado o generado aleatoriamente**, ha hallado una aplicación en la **detección de defraudadores**. La distribución de dígitos en una tabla fabricada de cuentas, por ejemplo, por lo general no seguirá al patrón de la ley de Benford.

EFECTOS RELACIONADOS

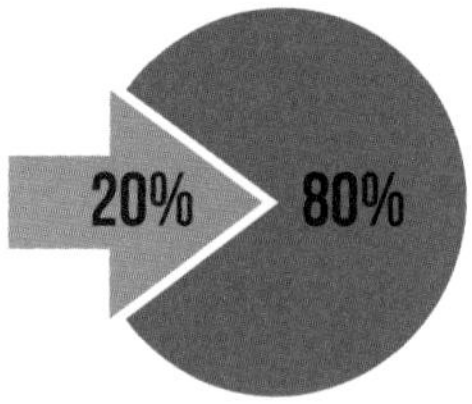

El **principio de Pareto**: también conocido como la **regla del 80-20**, establece que el **80% de la riqueza monetaria la posee típicamente el 20% de la población**.

Ley de Zipf: La **frecuencia de una palabra en un texto es inversamente proporcional a su importancia**. Así, la n-ésima palabra más común aparecerá con una probabilidad proporcional a $1/n$.

Ley de Price: la mitad de las publicaciones en un campo determinado las escriben la raíz cuadrada de todos los autores de ese campo. Entonces, si existen 100 autores, 10 de ellos escribirán la mitad de todas las obras.

OPTIMIZACIÓN

Cuando las personas aplican el razonamiento matemático al mundo real, a menudo buscan la mejor opción, ya sea minimizando el costo o maximizando el beneficio. Bienvenido al mundo de la optimización.

¿QUÉ ES?

La optimización es una técnica que trata de hallar **parámetros para una función matemática que maximicen o minimicen su valor**.

Por ejemplo, digamos que queremos minimizar la función

$$f(x) = x^2 - 4x + 5$$

Representar gráficamente algunos valores es una buena manera de controlar el **comportamiento** de la función (derecha).

Y a partir de esto, podemos ver directamente que el valor mínimo de la función es 1, y esto ocurre cuando $x = 2$.

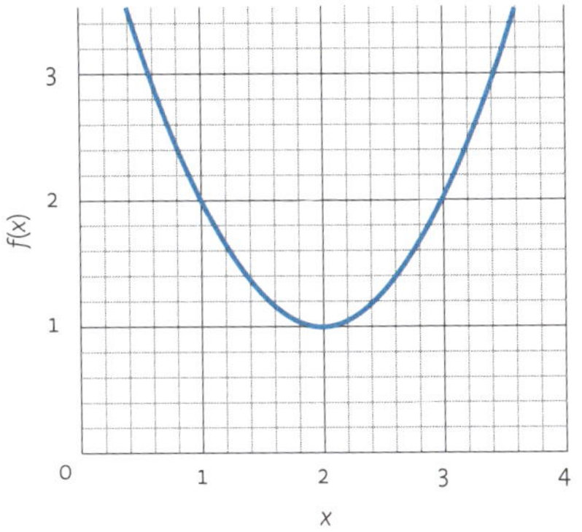

EL MUNDO REAL

Los problemas reales de optimización rara vez son tan sencillos. Imagina en cambio, si *f* depende de veinte variables diferentes en vez de una, y cada variable solo puede tomar un cierto número de valores.

Resolver problemas de optimización con restricciones como este, requiere por lo general **análisis numérico usando algoritmos** de optimización especializados. Es por esto que se dice que el campo de la optimización A menudo toca tanto las **matemáticas** como la **ciencia informática**.

EL PROBLEMA DE LA DIETA

Uno de los primeros desafíos de optimización en la vida real fue el problema de la dieta. Propuesto por el **ejército estadounidense** en la década de 1930, la instrucción consistía en encontrar la **combinación más barata de 77 alimentos disponibles para alimentar a un soldado**, de tal forma que se satisficiera su ingesta recomendada de 9 nutrientes clave. Equivalía a un problema de optimización restringida a 77 variables. En 1939, el economista **George Stigler** llegó a una **solución aproximada** que dio como resultado $39,93 por soldado al año.

En 1947, el problema se resolvió rigurosamente usando el **algoritmo de optimización simplex**, aunque increíblemente, la solución exacta es de solo $0,24 menos que el cálculo de Stigler.

APLICACIONES

La optimización se usa en investigación de **operaciones para maximizar el costo-beneficio**, y **minimizar errores en el análisis numérico**; y en estadística y aprendizaje automatizado, para ajustar modelos, a datos. Y estos usos son tan solo unos cuantos.

KURT GÖDEL

Célebre por su «teorema de incompletitud», que dice que existen verdades matemáticas imposibles de demostrar, Kurt Gödel fue un lógico que aplicó la filosofía a las matemáticas, con resultados revolucionarios.

PRIMEROS AÑOS

Gödel nació el **28 de abril de 1906** en **Brünn, Austria-Hungría**. Era un niño enfermizo que padeció de fiebre reumática. Toda su vida creyó que esta enfermedad había afectado su salud.

Gödel estudió en la **Universidad de Viena**, donde obtuvo un **doctorado en matemáticas** en 1929. Le **fascinaba la lógica matemática** y formó parte del **«Círculo de Viena»**, una influyente red de **científicos**, **filósofos** y **matemáticos** .

TEOREMA DE LA INCOMPLETITUD

En 1931, Gödel publicó uno de los hallazgos más importantes de la ciencia, el «teorema de la incompletitud», el cual afirma que todos los **sistemas lógicos** tienen contradicciones o principios que no pueden demostrarse.

FILOSOFÍA DE LAS MATEMÁTICAS

Desde el inicio de la década de 1940, Gödel pasó la mayor parte del tiempo contemplando las cuestiones filosóficas que rodean a las matemáticas. Estudió la obra de filósofos como Leibniz y Kant, publicó varios trabajos de investigación y escribió un libro, *¿Son las matemáticas una sintaxis del lenguaje?*, aunque tristemente, nunca se publicó.

EXPANSIÓN NAZI

Después de que Hitler anexó a Austria en 1938, **Gödel huyó a Princeton**, donde asumió un puesto en el **Instituto de Estudios Avanzados**. Se hizo amigo de Einstein y creó una **solución matemática para la relatividad** general, conocida como el **«universo rotatorio de Gödel»**, que permitía la posibilidad del **viaje en el tiempo**.

PROBLEMAS DE SALUD MENTAL

La **salud mental de Gödel disminuyó** de anciano y se cree que **dejó de comer hasta morir en 1978**.

REDES NEURONALES ARTIFICIALES

Las redes neuronales artificiales son algoritmos de aprendizaje automatizado que imitan las conexiones entre neuronas biológicas del cerebro. Se usan para hallar patrones ocultos en datos.

1943 Warren MCulloch y Walter Pitts crean el primer modelo matemático de una red neuronal

1969 El científico cognitivo Marvin Minsky y sus colegas hallan que las redes están muy limitadas por la potencia informática de esa época

1975 El investigador Paul Werbos desarrolla el algoritmo de retropropagación para entrenar eficientemente redes neuronales

2012 Redes neuronales profundas con muchas capas ocultas comienzan a funcionar considerablemente mejor que las técnicas de aprendizaje automatizado

¿CÓMO FUNCIONAN?

Las redes neuronales constan de **múltiples capas de neuronas simuladas**, cuyos estados individuales se almacenan en un ordenador.

La primera capa se alimenta directamente de los **datos de entrada**. Si la suma de la entrada de cada neurona excede un límite (determinado por el **entrenamiento**) entonces la salida de esa neurona es 1, de otra forma, es 0.

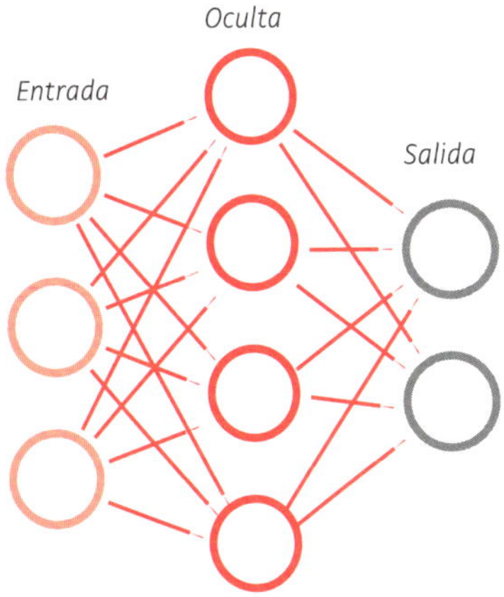

En su forma más sencilla, **cada capa alimenta con sus salidas a la siguiente**. Podría haber más de una **capa oculta,** dependiendo de la estructura de la red particular.

APLICACIONES

Son innumerables las aplicaciones de las redes neuronales artificiales. A continuación se mencionan algunos ejemplos.

Diagnóstico médico: pueden escanear radiografías en busca de anormalidades.

Coches autotripulados: analizan vídeo en vivo para mantener el coche en el camino e identificar amenazas.

Finanzas: predicción de precios de mercado y detección automatizada de fraudes.

ENTRENAMIENTO

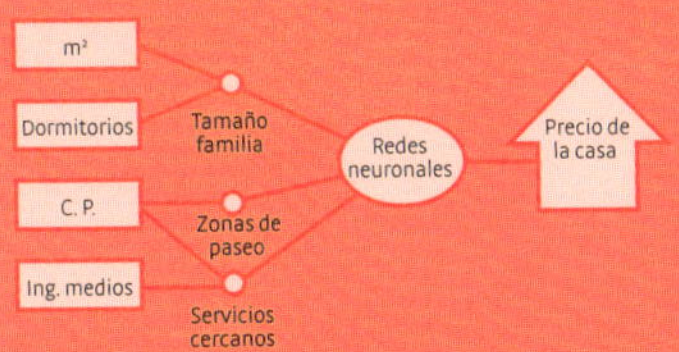

Un ejemplo podría ser **predecir el valor de una casa a partir de datos** sobre varias características como la ubicación, **número de habitaciones** y **área superficial**.

Primero se entrena a la red neuronal con datos sobre todas estas variables de casas cuyo valor se conoce. Luego, la red entrenada puede usarse para **realizar predicciones sobre casas cuyo valor no se conoce**.

TEORÍA DE LA INFORMACIÓN

El matemático e ingeniero electrónico estadounidense Claude Shannon desarrolló en la década de 1940 la teoría matemática de cómo se almacena, transmite, y manipula la información.

¿QUÉ ES?

Shannon adoptó el **dígito binario**, o **bit**, como la **unidad fundamental de la información**.

Estudió la transmisión de bits en presencia de **ruido**, y halló que una cantidad fundamental era la famosa entropía de **información de un bit**, $H = -\sum p \log p$, donde p es la probabilidad de que el bit tome el valor de 1.

En general, H es una medida de incertidumbre del valor del bit.

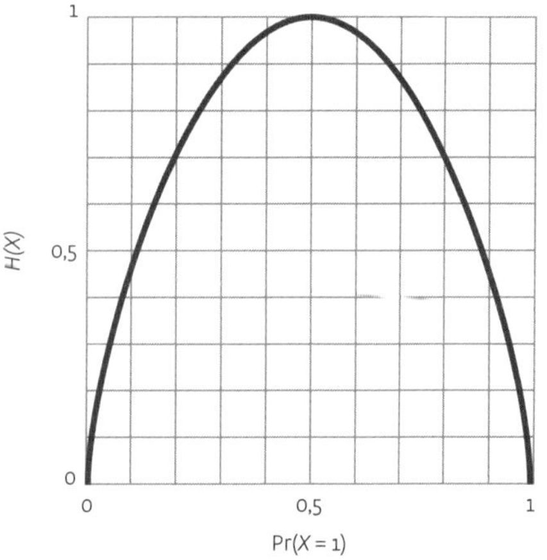

Se comporta de manera similar a la entropía en termodinámica, de ahí su nombre.

APLICACIONES

Algunas aplicaciones de la teoría de la información son **algoritmos de compresión de datos**, que te permiten almacenar miles de **canciones en tu teléfono**; y la **corrección de errores**, que ayuda a los supermercados a escanear **códigos de barras**, aun en una bolsa de patatas fritas.

EL CRITERIO DE KELLY

En 1956, el investigador de los laboratorios Bell, **John Kelly**, aplicó la teoría de la información para saber la **fracción óptima de dinero que un jugador debería arriesgar**. Si no apuestas nada, no ganas nada; si apuestas todo, te arruinas.

Kelly halló que la apuesta óptima es:

$$f = \frac{p(b+1) - 1}{b}$$

donde p es la **probabilidad** de que la puesta **gane** y la cantidad que ofrece un corredor de apuestas es b a 1. Por ejemplo, un jugador con $1000, buscando hacer una apuesta 4 a 1 que tiene el 30% (p = 0,3) de probabilidades de ganar, debería apostar $125.

CLAUDE SHANNON

30 de abril de 1916 Claude Elwood Shannon nació en Petoskey, Michigan

1936 Se gradúa de la Universidad de Michigan obteniendo los títulos de ingeniería electrónica y matemáticas

1940 Obtiene su doctorado en informática análogica por el MIT

1948 Se publica su célebre investigación sobre la teoría de la información «Teoría Matemática de la Comunicación»

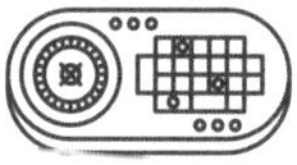

1961 Shannon y el gurú de las matemáticas en juegos de azar E. Thorp crean el primer ordenador portable para vencer a la ruleta

24 de febrero de 2001 Shannon muere en Medford, Massachusetts, tras una batalla con el Alzheimer

TEOREMA DE IMPOSIBILIDAD DE ARROW

En 1951, el matemático estadounidense Kenneth Arrow probó que ningún sistema electoral que posiciona candidatos por orden de preferencia puede representar imparcialmente la visión de los votantes.

¿QUÉ ES?

El teorema cae en el ámbito de la **teoría de la elección social**, una rama de las **matemáticas aplicadas** que tiene que ver con reunir opiniones a fin de aprobar **decisiones tomadas** por un **bien mayor**.

CRITERIOS DE IMPARCIALIDAD

Arrow definió **3 criterios de imparcialidad** bajo los que los **sistemas electorales** podrían evaluarse.

1. Si todos los votantes prefieren la opción X a la Y, entonces el grupo debería preferir a X que a Y.
2. Si las preferencias de todos los votantes entre X y Y no cambian, las preferencias del grupo entre X y Y tampoco deberían cambiar.
3. Ningún votante debería poseer nunca el poder de cambiar la preferencia general del grupo.

DEMOSTRACIÓN

Arrow pudo demostrar que un sistema electoral donde los votantes **posicionan sus preferencias por tres o más candidatos es incapaz de satisfacer estos criterios**.

		Candidatos		
		X	**Y**	**Z**
Votantes	**A**	3	2	1
	B	1	3	2
	B	2	1	3

Por ejemplo, en el diagrama, los votantes A, B y C expresan sus preferencias por las opciones X, Y y Z, donde 3 es la más preferida y 1 la menos preferida.

Los votantes B y C valoran a Z más alto que a X. Y sin embargo, la mayoría (dos votantes de tres) prefieren a X que a Y y a Y que a Z, y por lo tanto, por asociación a X que a Z.

KENNETH ARROW

23 de agosto de 1921 Arrow nace en Nueva York

1940 Se gradúa en matemáticas del City College de Nueva York

1951 El teorema de imposibilidad surge de resultados publicados en la tesis doctoral de Arrow en la Universidad de Columbia

1972 Arrow comparte el premio Nobel de economía

21 de febrero de 2017 Muere en Palo Alto, California

JOAN CLARKE

Heroína olvidada de la Segunda Guerra Mundial, Joan Clarke fue una de las pocas mujeres criptoanalistas en Bletchley Park, donde se descifraron los códigos militares alemanes.

24 de junio de 1917 Nace en Londres. Asiste al colegio Dulwich High School y gana una beca para el Newnham College, de Cambridge

1939 Obtiene dobles honores en matemáticas, aunque de acuerdo con la ley de la Universidad de Cambridge en esa época, no tenía permitido obtener un título completo por ser mujer

Junio 1940 G. Welchman, su supervisor en Cambridge, la lleva a en Bletchley Park. Inicialmente, hace trabajo de oficina porque en esa época no era apropiado que las mujeres trabajaran descifrando códigos

Su talento brilla y se le invita a unirse al centro neurálgico en el Hut 8, donde Alan Turing y su equipo trabajan descifrando los códigos usados por los submarinos alemanes, los cuales causaban grandes pérdidas a los barcos aliados que transportaban tropas y víveres a través del Atlántico

1941–44 En un ambiente de presión extrema, Clarke tiene que descifrar los códigos en tiempo real, lo que a menudo deriva en acciones militares inmediatas

1944 Clarke se convierte en la segunda al mando en el Hut 8, aunque debido a que era mujer, se le paga menos que a sus colegas varones

Después de la guerra Clarke recibe reconocimiento como miembro de la Orden del Imperio Británico y trabaja en la Sede Gubernamental de Comunicación (GCHQ). Ella rechaza los reflectores y solo habla con reservas acerca de su servicio cuando Bletchley Park se hace famoso en los noventa

1996 Clarke muere en Headington, Oxford. Se cree que los descifradores de Bletchley Park acortaron dos años la guerra, salvando millones de vidas. Ella fue una de las estrellas

¿SABÍAS?

Clarke y Turing se hicieron amigos durante su época en Bletchley Park y estuvieron **comprometidos por un tiempo**. Siguieron **siendo amigos hasta la muerte de Turing** en 1954.

TEORÍA DE LOS VALORES EXTREMOS

Se trata de una rama de la estadística que estudia la probabilidad de eventos extremos. Sus aplicaciones incluyen la predicción de inundaciones, la caída de los mercados de valores y logros deportivos.

¿QUÉ ES?

El campo de la teoría de los valores extremos comienza a inicios del siglo XX con el trabajo del estadístico inglés **Leonard Tippett**. Se le comisionó estudiar la **fuerza del hilo de algodón**. Tippett estableció **distribuciones de probabilidad** para la fuerza de las **fibras de algodón** más débiles.

Y de esto se trata la teoría de los valores extremos: **predecir la distribución de los máximos y mínimos de cantidades** durante un **cierto periodo.**

DISTRIBUCIONES DE VALORES EXTREMOS

El matemático alemán Emil Gumbel puso la investigación de Tippett en un **equilibrio matemático más riguroso** en 1958.

La **distribución de Gumbel** es una **distribución continua de probabilidad** para una variable aleatoria x dada por la fórmula:

$$f(x) = \frac{1}{\beta} e^{-(z+e^{-z})}; \; z = \frac{x-\mu}{\beta}$$

donde μ y β son **parámetros que controlan la forma de la distribución**. Se muestran algunos ejemplos en el diagrama:

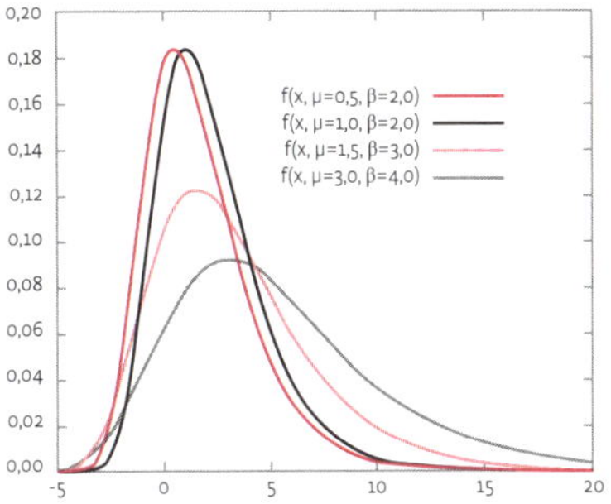

Gumbel demostró que una variable que obedece una **distribución exponencial decadente** tendrá un máximo aproximado por la **distribución de Gumbel**. Esta es una de las tantas diferentes distribuciones de valores extremos.

APLICACIONES

Inundaciones: el nivel máximo de los ríos y la altura de las olas gigantes se rigen por distribuciones de valores extremos y pueden usarse para predecir el riesgo de inundaciones.

Finanzas: las altas y bajas extremas de la bolsa, o las grandes pérdidas de las aseguradoras también obedecen a una distribución de valores extremos.

Tráfico: las predicciones de tráfico extremo pueden usarse para gestionar la congestión del tráfico de las ciudades.

Deportes: según la teoría de valores extremos, el menor tiempo posible en las carreras de 100 m lisos es de 9,51 s.

EMIL GUMBEL

18 de julio **de 1891** Emil Julius Gumbel nace en Múnich, Alemania

1932 Gumbel, judío, se ve forzado a irse de Alemania por el ascenso del nazismo

1958 Publica sobre teoría de los valores extremos en su libro *Estadística de los extremos*

10 de septiembre de 1966 Muere en Nueva York

OLGA LADYZHENSKAYA

Ladyzhenskaya vivió bajo el régimen soviético gran parte de su vida. Superó esa tragedia y las barreras políticas para realizar grandes contribuciones a la dinámica de fluidos y las ecuaciones diferenciales.

HEROÍNA DE NUESTRO TIEMPO

Olga Aleksandrovna Ladyzhenskaya nació en **Kologriv**, un pequeño pueblo en Rusia, el 7 de marzo de **1922**.

Su **padre Aleksandr Ladyzhenski**, era maestro e **infundió el amor a las matemáticas en su hija**. En 1937 fue **arrestado** por ser «enemigo del pueblo» y fue **ejecutado**. La familia **cayó en la pobreza**.

Debido al estatus de su padre, a Ladyzhenskaya no se le admitía a la Universidad Estatal de Leningrado; sin embargo, ingresó a la **Universidad Estatal de Moscú** en 1943 y después obtuvo **dos doctorados**.

Ladyzhenskaya daba **clases en la Universidad Estatal de Leningrado** y en el **Instituto Steklov**, donde se convirtió en directora de física matemática.

Ladyzhenskaya siempre fue un espíritu independiente y **no temió criticar el totalitarismo**. Esto la colocó en una posición precaria.

Realizó una extensa investigación de las **ecuaciones de Navier-Stokes**, un conjunto de ecuaciones parciales diferenciales desarrolladas en el siglo XIX para explicar la dinámica de fluidos. Sus descubrimientos en este campo la llevaron a **importantes aplicaciones prácticas** en oceanografía, aerodinámica y meteorología, tales como la medición del movimiento de las **nubes durante las tempestades**.

En el curso de su larga carrera, **escribió más de 200 trabajos científicos y seis monografías**.

En 1958, Ladyzhenskaya quedó en la **lista final para la medalla Fields**, uno de los mayores honores que un matemático puede recibir.

En 2002, **ganó la medalla de oro Lomonosov** por logros extraordinarios en las matemáticas.

Murió en San Petersburgo, Rusia, el 12 de enero de **2004**.

REDES DE MUNDO PEQUEÑO

Las redes de mundo pequeño son una rama de la teoría de grafos, que supone que grupos grandes pueden unirse mediante un número pequeño de conexiones. El juego de Kevin Bacon es un ejemplo famoso.

¿QUÉ SON?

Imagina que dibujas un punto en una hoja de papel por **cada ser humano en la Tierra**. (Hay más de 7500 millones, así que necesitarías una hoja de papel muy grande). Ahora **dibuja líneas que conectan los puntos que corresponden a personas que se conocen**.

Así, por ejemplo, tu punto en el papel se conectaría en una etapa con todos tus conocidos inmediatos. Amigos de amigos estarían separados por dos etapas, amigos de amigos de amigos por tres etapas, y así sucesivamente.

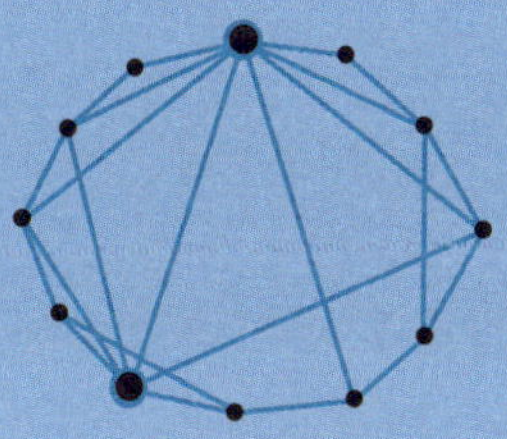

SEIS GRADOS DE SEPARACIÓN

Las redes de mundo pequeño son subconjuntos de puntos que pueden conectarse en un pequeño número de etapas partiendo de cualquier punto.

Por ejemplo, la teoría de los **«seis grados de separación»** supone que un **par cualquiera de personas en la Tierra pueden conectarse mediante sus conocidos en no más de seis etapas**.

Por lo general, el número de pasos, L, para conectar dos puntos o **nodos** aleatorios, escala con el **logaritmo** del número total de nodos, N. Es decir,

$$L = k \log N$$

Donde k es una constante. Así que incrementar el tamaño de una red de 10 a 100 requerirá el doble de etapas para conectar los puntos.

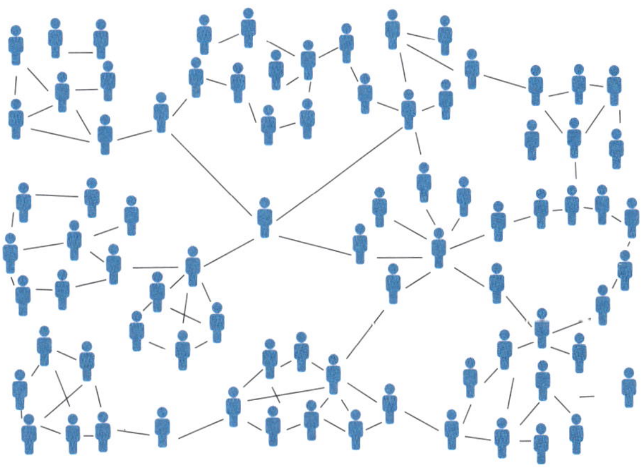

EL JUEGO DE KEVIN BACON

La teoría de redes de mundo pequeño se ha aplicado al **cine**, en lo que se conoce como el juego de Kevin Bacon.

¿Cuántas etapas se necesitan para conectar a un actor con **Kevin Bacon, con base en las películas en las que han actuado juntos**? Por ejemplo, Harrison Ford tiene un número de Bacon de 2, ya que actuó en 42 con Brett Cullen, quien a su vez actuó en Apollo 13 con Kevin Bacon.

De la misma manera, existen los **números de Erdös, que conectan a científicos mediante la co-autoría de trabajos de investigación con el matemático húngaro Paul Erdös**.

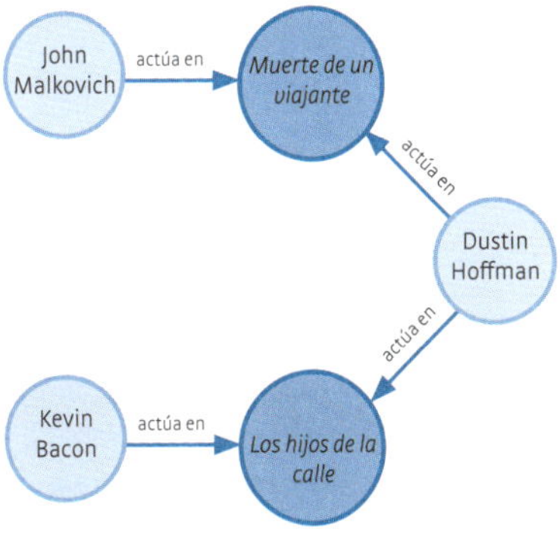

AUTÓMATAS CELULARES

Los autómatas celulares son entidades virtuales que muestran cómo surgen comportamientos complejos en conjuntos de reglas relativamente sencillas. Se implementaron en el modelo virtual del Juego de la Vida.

EL JUEGO DE LA VIDA

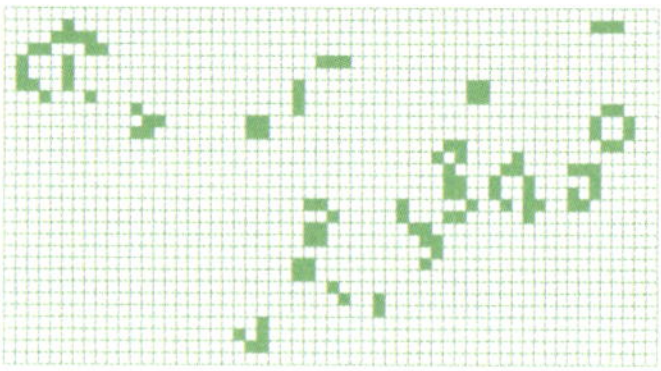

El ejemplo más famoso de un autómata celular es el **Juego de la Vida de Conway**, desarrollado al inicio de los setenta por el matemático británico John Conway, y popularizado por el escritor científico **Martin Gardner**.

El modelo de Conway era una **red en papel cuadriculado** con algunas celdas en blanco y otras sombreadas. **Un conjunto de reglas dictaba la manera en que cierto patrón de celdas evolucionaba de una etapa a la siguiente**.

LAS REGLAS

Por ejemplo, un cuadrado sombreado con menos de dos vecinos sombreados **«muere»** y se convierte en un cuadrado blanco. Mientras que un cuadrado blanco con tres vecinos sombreados **«cobra vida»** y se hace sombreado en la siguiente etapa.

Cuando el sistema se encendía y se dejaba funcionar, surgían **comportamientos muy diversos** y **complejos**, como patrones estáticos y oscilatorios, formas en movimiento y ciclos de autoperpetuación de reproducción y muerte.

Antes Después

Soledad
Una celda con menos de dos vecinos muere

Antes Después

Reproducción
Una celda vacía con exactamente tres vecinos cobra vida

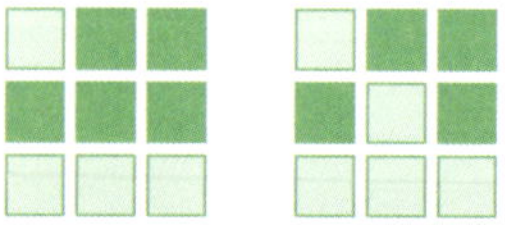

Hacinamiento
Una celda con más de tres vecinos muere

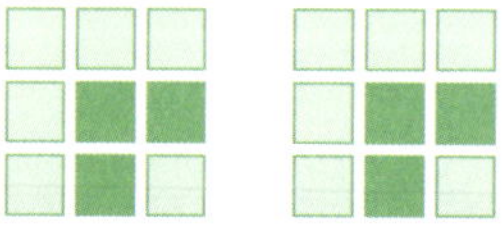

Estasis
Una celda viva con dos o tres vecinos permanece igual

UN NUEVO TIPO DE CIENCIA

En 2002, el matemático y científico informático británico **Stephen Wolfram** publicó su libro ***Un nuevo tipo de ciencia***, en el cual postuló su tesis de que los autómatas celulares son de **importancia fundamental al funcionamiento del mundo físico**.

Wolfram expone que más que solo ser una herramienta para ayudar a nuestra comprensión de la **ciencia, la informática**, como lo ejemplifican los **programas de ordenador sencillos** que rigen a los autómatas celulares, es en sí, **un componente de la naturaleza**.

- **1948** John von Neumann escribe un trabajo llamado «La Teoría General y Lógica de los Autómatas»
- **1969** El científico informático estadounidense Alvy Ray Smith desarrolla la primer teoría matemática de los autómatas celulares
- **1970** El matemático John Conway inventa el Juego de la Vida
- **2002** El científico Stephen Wolfram publica su libro *Un nuevo tipo de ciencia*

DADOS NO TRANSITIVOS

Todos saben que los juegos de azar son para los tontos, ¿verdad? No si juegas con un par de dados no transitivos y sabes lo que haces.

¿QUÉ SON?

Imagina que tienes tres dados marcados como *A*, *B*, y *C*. Si *A* sale más alto que *B* con mucha frecuencia, y *B* sale más alto que *C* con mucha frecuencia, entonces la **intuición te llevaría a pensar que A saldrá más alto que C con mucha frecuencia**.

No obstante, p**ara los dados no transitivos aplica lo opuesto**, y a la larga, *C* saldrá **más alto** que A.

¿QUÉ OCURRE?

Imagina que los tres dados son de seis lados, **pero en vez de tener los números del 1 al 6 en cada cara, tienen lo siguiente**:

A

B

C

Entonces cuando *A* juega con *B*, *A* dará un seis un sexto de las veces, lo cual *B* no puede vencer. Los otros cinco sextos del tiempo, *A* da un tres, que gana cuando *B* da un dos, y esto ocurre con una **probabilidad de 3/6**. Así, *A* gana con una probabilidad de:

$$p = \frac{1}{6} + \frac{5}{6} \times \frac{3}{6} = \frac{6+15}{36} = \frac{21}{36} = \frac{7}{12}$$

Esto es mayor que **1/2**. De igual manera, puedes determinar la probabilidad de que *B* venza a *C*; también es de **7/12**.

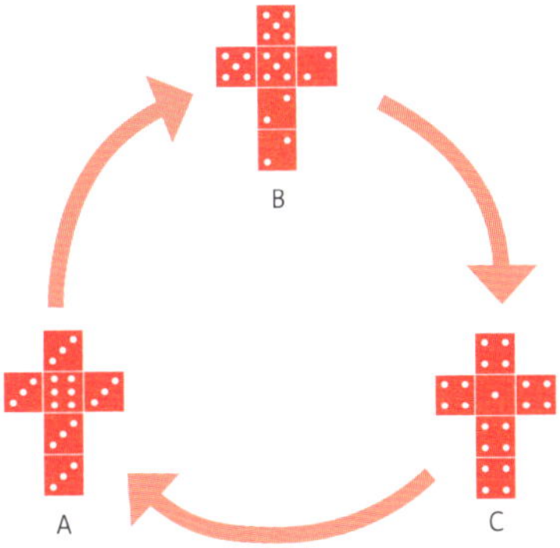

Para que *C* venza a *A*, *C* debe dar un cuatro (probabilidad de 5/6) y *A* debe dar un tres (también probabilidad de 5/6). Así, *C* gana con una probabilidad de

$$p = \frac{5}{6} \times \frac{5}{6} = \frac{25}{36}$$

Y esto también es mayor que ½, lo que significa que *C* vence a *A* con mucha frecuencia, aunque *A* venza a *B* y *B* venza a *C*.

DOBLE O NADA

$$$

Entonces, el **jugador inteligente gentilmente permite que su oponente seleccione primero el dado**, y luego, de los dos restantes, elige el que sabe que tiene la mayor probabilidad de ganar. Si lo piensas bien, los dados no transitivos **ilustran que la probabilidad no es de fiar**.

KATHERINE JOHNSON

Esta notable matemática estadounidense venció los prejuicios raciales y de género para trabajar en la NASA, donde calculó la mecánica orbital de misiones históricas, incluyendo el Apollo 11.

Katherine Johnson (**de apellido de soltera Coleman**) nació el 26 de agosto de 1928 en **White Sulphur Springs, West Virginia**.

Sus habilidades matemáticas brillaron **desde pequeña**. Ingresó al State College de West Virginia a los 14 años y se **graduó cinco años después con los mayores honores en matemáticas y francés**.

Johnson fue elegida cuidadosamente para convertirse en una de las tres primeras afroamericanas en ingresar a un programa de matemáticas en la Universidad de West Virginia. Abandonó el curso después de un año para encargarse de su familia.

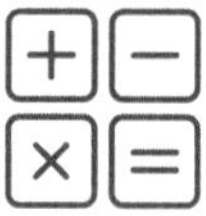

En 1953, la Unidad Informática del Área Oeste del Comité Nacional Asesor de Aeronáutica (NACA) la contrató. Formo parte de un grupo de mujeres afroamericanas que destacaban en las matemáticas y que realizaron cálculos que eran complejos para ingenieros. Su trabajo fue vital para el éxito del programa espacial estadounidense. Sin embargo, la NACA estaba **segregada**, y las mujeres tenían que trabajar, comer y usar baños separados de los de sus colegas blancos.

La NACA se convirtió en la NASA y Johnson se unió a su Grupo Espacial de Tareas, que gestionaba los lanzamientos de las tripulaciones.

En 1962, **John Glenn** se preparaba para el primer vuelo espacial orbital de los EE. U.U. La trayectoria se procesaba y determinaba con ordenadores. Sin embargo, Glenn desconfiaba de las máquinas y le pedía a Johnson que verificara los cálculos manualmente. Ella recordaba cómo Glenn decía, «si ella dice que los cálculos son correctos, estoy listo». La misión fue un éxito.

Johnson ayudó a calcular las trayectorias espaciales del **Apollo 11**, que hicieron aterrizar a los primeros hombres en la luna. También trabajó en las misiones de los transbordadores espaciales durante sus 35 de **carrera en la NASA**.

En 2015, el **presidente Obama** le otorgó la medalla presidencial de la libertad, la más alta condecoración civil de los Estados Unidos.

La película **Talentos Ocultos** (2016) llevó al cine las vidas de Katherine Johnson y sus colegas **Dorothy Vaughan** y **Mary Jackson en la NASA**.

BENOIT MANDELBROT

Mandelbrot inspiró al mundo con sus hermosas imágenes de fractales generadas por ordenador y nos ayudó a entender su importancia en la naturaleza. Desarrolló un nuevo campo de las matemáticas.

20 de noviembre de 1924 Nace en Polonia

1936 Siendo judíos, su familia escapa a Francia para eludir la persecución nazi, donde viven encubiertos y con temor constante

1952 Con estudios previos en la École Polytechnique de París y en el California Institute of Technology (Caltech), Mandelbrot realiza un doctorado en ciencias matemáticas en la Universidad de París

1958 Se incorpora al Centro de Investigación Thomas J. Watson de IBM, en Nueva York, donde permanece los siguientes treinta y cinco años. Hacia el final de su carrera se convirtió en profesor de ciencias matemáticas Sterling en la Universidad de Yale

14 de octubre de 2010 Después de haber ganado muchos premios durante su carrera, incluyendo el premio Wolf de física de Israel, y haber sido nombrado Oficial de la Legión de Honor Francesa, Mandelbrot muere en Cambridge, Massachusetts

LA MARAVILLA DE LOS FRACTALES

Mandelbrot estaba fascinado por los **Fractales - figuras con bordes ásperos, formadas por la iteración repetida de una regla a menudo sencilla**. Usando la magia informática a su disposición en **IBM**, creó asombrosas y hermosas imágenes de fractales usando códigos de computadora. Escribió el libro ***La geometría fractal de la naturaleza*** (1982) y estableció los fractales como un área respetada dentro del estudio de las matemáticas.

CONJUNTO DE MANDELBROT

Este fractal lleva su nombre. Es clave en la **teoría del caos**, donde cambios leves en las condiciones iniciales pueden producir cambios enormes en el comportamiento de un sistema. Él veía los fractales como una forma de crear complejidad a partir de reglas sencillas, y creía que así pueden surgir las formas complejas o «ásperas» de la naturaleza como las costas rocosas.

P VS NP

Si una solución potencial a un problema puede verificarse rápidamente, ¿significa que puedes resolver el problema desde cero rápidamente también? Suena bastante simple, pero no lo es. Esto es P vs NP.

TIEMPO POLINOMIAL

En el centro del problema P vs NP hay un concepto matemático conocido como **tiempo polinomial**.

Un **polinomio** de alguna variable x es una suma de términos que llevan una x elevada a varias potencias. Por ejemplo, $x + 2x^2 - x^3$ es un polinomio. Comparemos eso con una **exponencial, donde x es la potencia**, por ejemplo e^x.

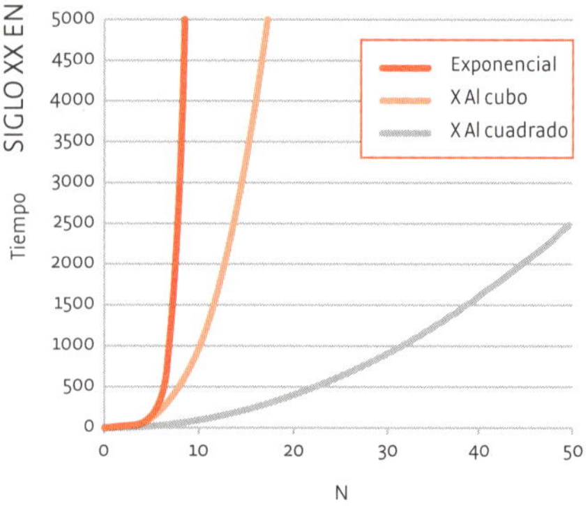

Un tiempo polinomial significa que el tiempo para **calcular la respuesta a un problema crece como una función polinomial de su complejidad**. Esto significa que el **crecimiento es lento**, y el problema es relativamente rápido de resolver.

Comparemos eso con la otra alternativa: el **tiempo exponencial**, donde el tiempo para resolver el problema crece como una función exponencial de su complejidad, y se vuelve grande rápidamente.

¿ASÍ QUE QUÉ ES P VS NP?

En **teoría de la complejidad**, que es la rama de la **ciencia informática** que clasifica los problemas por su **nivel de dificultad**, un problema que puede resolverse en un tiempo polinomial califica como «P». La clase de problemas para los que una solución puede verificarse en tiempo polinomial se llama «NP», abreviatura de «**tiempo polinominal no determinístico**».

Si P = NP, **eso significaría que problemas verificables en tiempo polinomial también pueden solucionarse en tiempo polinomial**.

Que esto sea el caso, sigue siendo una cuestión abierta, y hay **$1 millón** a ganar que otorga el **Clay Mathematics Institute** para cualquiera que pueda proporcionar una solución.

1955 John Nash especula que algunos problemas en la criptografía podrían tener complejidad exponencial

1971 El científico informático estadounidense-canadiense Stephen Cook hace su primer postulado sobre el problema P vs NP

1979 El matemático soviético Leonid Khachiyan demuestra que la optimización lineal es tanto NP como P

2000 El Clay Mathematics Institute selecciona P vs NP como uno de sus Problemas del Premio del Milenio

TEORÍA DEL CAOS

El caos es la aparición de un comportamiento que parece impredecible, a partir de leyes de las matemáticas y la física en apariencia estables. Se caracteriza por una extrema sensibilidad a las condiciones iniciales.

¿QUÉ ES?

El caos está por doquier en el **mundo físico**, desde un grifo que **gotea** hasta las **lunas descontroladas de los planetas**.

En la década de 1960, el matemático estadounidense **Edward Lorenz** realizaba simulaciones de ordenador del clima. Se dio cuenta que al poner las condiciones iniciales para cada simulación a 6 lugares decimales (es decir, 0,387129) obtenía resultados considerablemente diferentes que cuando truncaba las entradas a solo 3 lugares decimales (0,387).

EL EFECTO MARIPOSA

El efecto de Lorenz **no era aleatorio**, el sistema evolucionaba de manera determinista a partir de cada estado inicial. Pero se dio cuenta de que cambios minúsculos en el estado inicial daban como resultado enormes cambios en la salida.

A Lorenz se le ocurrió una metáfora para describirlo, el **efecto mariposa**, y especulaba que las ecuaciones que describen el clima son tan sensibles que una mariposa que mueve sus alas en un lado del mundo podría influir en la trayectoria de un tornado al otro lado del mundo.

ATRACTORES CAÓTICOS

El comportamiento de muchos sistemas físicos tiende hacia estados llamados **atractores**. Por ejemplo, si trazas la posición contra la velocidad de un péndulo sin fricción, el **movimiento del péndulo dibujará un círculo**.

Los sistemas caóticos por lo general tienen atractores que son **fractales** por naturaleza. Cuando Lorenz trazó el comportamiento de este modelo del clima, halló un **hermoso patrón fractal** en forma de ocho, conocido ahora como el atractor de **Lorenz**.

1961 Edward Lorenz observa la sensibilidad a las condiciones iniciales en sus simulaciones del clima

1972 Lorenz imparte una charla titulada «¿Puede el aleteo de una mariposa en Brasil iniciar un tornado en Texas?», acuñando el término efecto mariposa

1975 James Yorke y Tien-Yien Li emplean por primera vez el nombre caos

1987 Se publica el libro de James Gleick, *Caos: creando una nueva ciencia*, acercando la teoría del caos al público general

CRIPTOGRAFÍA DE CLAVE PÚBLICA

El problema con el cifrado convencional es que tienes que decirles a los demás la clave, y tarde o temprano, cae en las manos equivocadas. La criptografía de clave pública es una solución para esto.

¿QUÉ ES?

En la criptografía de clave pública, existen en realidad **dos claves**, una **pública** y una **privada**. La c**lave privada solo se necesita para descifrar mensajes que te envían**, por lo que esa tú la conservas. Por otra parte, el **cifrado de mensajes se hace con la clave pública**. Puesto que no te interesa quién haga esto, entregas la clave pública a todos sin excepción.

Es como enviar candados a todos tus conocidos. Cualquiera puede poner un mensaje en una caja y cerrarla con candado, pero solo tú tienes la llave que se necesita para mirar dentro.

¿CÓMO FUNCIONA?

Los **algoritmos** que se usan en el cifrado de clave pública se basan en la **dificultad de factorizar números grandes**, es decir, dividir números en dos números más pequeños, los cuales multiplicados entre sí, dan el número original. Por ejemplo,

$$Z = X \times Y$$

X y *Y* forman la clave privada necesaria para descifrar mensajes. Luego, se multiplican entre sí para formar la clave pública *Z*. No obstante, al dar solo *Z*, es muy **difícil** retroceder para obtener *X* y *Y*.

1970–74 Científicos en la Sede Central de Comunicaciones del Gobierno Británico (GCHQ) realizan el primer trabajo sobre criptografía de clave pública, cuya investigación es confidencial

1976 Diffie y Hellman publican un protocolo para intercambiar claves criptográficas a través de un canal público

1977 Los investigadores del MIT Rivest, Shamir y Adleman replican independientemente el trabajo del GCHQ, al que bautiza como cifrado RSA

1994 El matemático estadounidense Peter Shor publica un algoritmo cuántico para factorizar números grandes, que podría debilitar el cifrado RSA

FINANZAS CUANTITATIVAS

La aplicación de técnicas matemáticas y estadísticas al mundo de las finanzas y la economía se conoce como finanzas cuantitativas. Ha tenido sus éxitos y también sus fracasos.

1827 El botánico Robert Brown observa el movimiento aleatorio de partículas en granos de polen. Se conoce como movimiento Browniano, y su estudio es la base para analizar los paseos aleatorios, o procesos estocásticos como también se les llama

1863 El asistente de agentes de bolsa Jules Augustin Frédéric Regnault sugiere usar un paseo aleatorio para modelar cómo se comportan los precios del mercado de valores

1900 El francés Louis Bachelier es el primero en producir un riguroso modelo de la bolsa de valores usando matemáticas estocásticas en su tesis de doctorado «La Teoría de la Especulación»

1906 El matemático ruso Andrey Markov desarrolla más a fondo la teoría de los paseos aleatorios

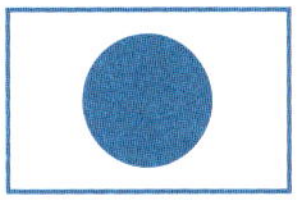

1942 El matemático japonés Kiyosi Itô aplica las reglas del cálculo a los procesos estocásticos, permitiendo, de esta forma, realizar la integración y diferenciación de los paseos aleatorios

1945 El economista de origen austriaco Friedrich Hayek afirma que los mercados son una manera eficiente de agrupar información económica, una aplicación inicial de la hipótesis de la «sabiduría de las masas»

1952 El economista Harry Markowitz desarrolla medidas cuantitativas de correlaciones en los valores de diferentes acciones, permitiendo la construcción de modelos matemáticos de riesgo

1965 El economista Paul Samuelson aplica por primera vez el cálculo de Itô a los mercados financieros

1969 Los economistas Fischer Black y Myron Scholes aplican métodos estocásticos para crear un modelo que determina precios de opciones financieras, es decir, comerciar el derecho de comprar o vender acciones a un precio fijo en el futuro

1970 Eugene Fama, el «padre de las finanzas», formaliza el trabajo de Hayek como la hipótesis del mercado eficiente

2008 Los mercados financieros se derrumban al tiempo que el mercado hipotecario subprime colapsa. Parte de la culpa se asigna al fracaso de los modelos cuantitativos para calcular de manera precisa la probabilidad de eventos extraños, o para explicar adecuadamente las correlaciones

ROGER PENROSE

Célebre por sus contribuciones a la física matemática de la relatividad general y los agujeros negros, el geómetra algebraico Roger Penrose recibió el nombramiento de caballero por sus servicios a la ciencia.

PRIMEROS AÑOS

Roger Penrose nació en **Colchester, Essex**, el 8 de agosto de 1931. Estudió en el **University College, de Londres**, donde se graduó en matemáticas con los más altos honores. Terminó su doctorado en la Universidad de Cambridge sobre métodos de tensores en la geometría algebraica.

Penrose ha tenido una larga carrera como docente en universidades, incluyendo el **Birkbeck College**, de **Londres**, y **Princeton**. Tiene el puesto de Profesor Emérito Rouse Ball de Matemáticas en la Universidad de Oxford.

AGUJEROS NEGROS

Penrose Colaboro con el físico teórico **Stephen Hawking**. En 1969, presentaron su trascendental conjetura de que toda la materia en un agujero negro colapsa en un punto, conocido como singularidad, donde la masa se comprime a una densidad infinita. Hawking y Penrose recibieron muchos premios prestigiosos por sus hallazgos, incluyendo el **Premio Wolf en 1998**.

Penrose desarrolló lo que ahora se conoce como el **«diagrama de Penrose»** para ilustrar el **espacio y tiempo dentro de un agujero negro**.

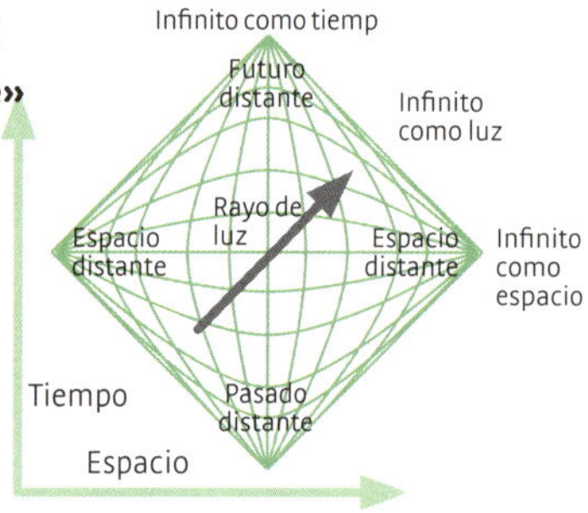

TRIÁNGULO DE PENROSE

En la década de 1950, Penrose presentó el triángulo de Penrose, una ilusión óptica que describió como «la imposibilidad en su forma más pura». El artista **M.C. Escher** lo usó en su célebre obra ***Waterfall***.

EMBALDOSADO DE PENROSE

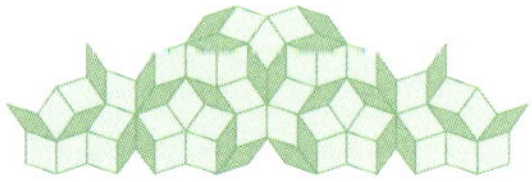

En 1974, Penrose se hizo famoso por el descubrimiento de un **conjunto de dos baldosas que podían usarse para cubrir un plano infinito en un patrón que nunca se repite (aperiodicidad)**.Las formas que usó eran rombos gruesos y delgados. En **teoría de teselado**, todavía ha de demostrarse si una única baldosa puede usarse para cubrir un plano de forma aperiódica.

PREMIOS

Penrose Ha **ganado muchos premios prestigiosos** incluyendo la **medalla Copley** en 2008, por sus **«hermosas y originales revelaciones para muchas áreas de las matemáticas Y la física matemática»**. Recibió el nombramiento de **caballero en 1994.**

GRUPOS DE PAPEL TAPIZ

Los grupos de papel tapiz son el subconjunto de la teoría de grupos responsable de clasificar las simetrías de patrones en 2-D que se entrelazan. Son como teselados potenciados.

¿QUÉ SON?

Existen **17 diferentes grupos de papel tapiz**, que clasifican patrones en 2-D por sus simetrías **traslacionales**, **rotacionales** y **reflexionales**. Los descubrió el matemático ruso **Evgraf Fedorov** en 1891.

El más sencillo es el grupo p1, el cual **consta solamente de traslaciones** (es decir, repetir un patrón sin reflejarlo ni rotarlo). Por ejemplo,

Por otra parte, el grupo, p4 tiene dos **simetrías rotacionales** de **90 grados** y una simetría rotacional de **180 grados**, aunque no tiene **reflexiones ni traslaciones**. Por ejemplo,

EMBALDOSADO SIMPLE

El concepto de embaldosado está relacionado con los grupos de papel tapiz, los cuales **son maneras de cubrir un plano en 2-D usando formas que se entrelazan**.

La **forma más sencilla** de embaldosado es el **periódico**. Si embaldosas una superficie con **cuadrados** o **hexágonos** regulares, entonces el **patrón se repite**, muévelo y podrás hacer que coincida con él mismo de nuevo.

EMBALDOSADO APERIÓDICO

Mucho más interesantes son los **embaldosados aperiódicos**, donde **a) no importa cuánto te muevas, el patrón nunca se repite, y b) no hay manera periódica de acomodar las baldosas que forman el patrón**. El más sencillo es un **patrón radial**.

En 1974, **Penrose** halló **2 baldosas en forma de rombo** que podían formar un embaldosado aperiódico pero que no podían reacomodarse para cubrir el **plano en 2-D de forma periódica**.

CUASICRISTALES

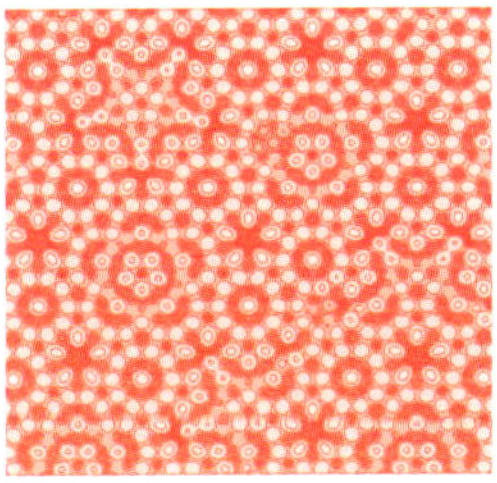

En 1982, el científico de materiales israelí **Dan Shechtman** descubrió un **material** (aleación de aluminio y manganeso) cuya **estructura molecular** estaba **dispuesta como la figura en 3-D análoga** a un **embaldosado aperiódico**.

La estructura no era mi **amorfa** (donde las moléculas se acomodan al azar), **ni cristalina** (donde las moléculas se acomodan en un patrón geométrico fijo y repetido). Recibió el nombre de **cuasicristal**.

JOHN NASH

Nash, genio matemático, ganó el premio Nobel de economía por su magistral trabajo sobre teoría de juegos. Su batalla contra la esquizofrenia se hizo conocida en la película del 2001 A Beautiful Mind.

VIDA

John Forbes Nash Jr nació el 13 de junio de 1928 en **Bluefield, West Virginia**. Su talento académico emergió desde que era muy joven y cuando **asistía a la escuela**, **tomaba cursos avanzados de matemáticas** en la **universidad** local.

Nash estudió ingeniería química en el **Carnegie Institute of Technology** antes de pasarse a matemáticas. Su profesor en Carnegie, **Richard Duffin,** lo recomendó a la Universidad de **Princeton** para estudios de posgrado, afirmando que era un «**genio matemático**».

En Princeton, Nash obtuvo un doctorado en **teoría de juegos**, la cual se convirtió en una fascinación suya de por vida. Esta rama de las matemáticas es aplicable a cualquier situación donde exista un elemento de competencia, por ejemplo, en tiempos de guerra, o donde haya intereses económicos opuestos.

Nash pasó la mayor parte de la década de 1950 realizando investigación en el **Massachusetts Institute of Technology**. Luego, comenzó una larga relación con la Universidad de Princeton.

BATALLANDO CONTRA LA ESQUIZOFRENIA

Al final de los cincuenta, Nash padecía una fuerte enfermedad mental, que se manifestó como **paranoia**. Ingresó al **hospital** en 1959 por un año. Luchó contra la **esquizofrenia paranoide** durante la siguiente década, con periodos recurrentes en psiquiátricos. Se recuperó gradualmente y trabajaba en Princeton cuando podía.

PREMIOS Y ELOGIOS

En 1978, Nash recibió el **Premio Teoría de John Von Neumann** por el **Equilibrio de Nash**, que habla de estrategias balanceadas en teoría de juegos.

Nash, John C. Harsanyi y Reinhard Selten recibieron el **premio Nobel de economía en 1994**, por su trabajo en teoría de juegos.

En 2015, compartió el premio **Abel** con **Louis Nirenberg** por el estudio de las ecuaciones diferenciales parciales. Trágicamente, **Nash y su esposa Alicia murieron en un accidente de coche el 23 de mayo de 2015, camino a casa desde el aeropuerto después de recibir el premio en Noruega**.

EDWARD THORP

Los casinos le temen, los apostadores le veneran. Ed Thorp es el profesor que demostró matemáticamente que puedes «vencer al crupier».

MONEY BALL

Edward Oakley Thorp **nació el 14 de agosto de 1932 en Chicago Illinois**. Obtuvo un **doctorado en matemáticas por la Universidad de California** y se hizo profesor en 1961. Ha dado **clases en la Universidad Estatal de Nuevo México y en la Universidad de California, Irvine**.

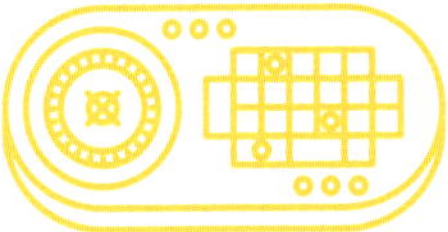

Thorp se interesó en los **juegos de azar** siendo adolescente; se le vino a la mente la idea de que la bola de una **ruleta se mueve como un planeta en órbita**. **Se preguntó si su movimiento podría predecirse**.

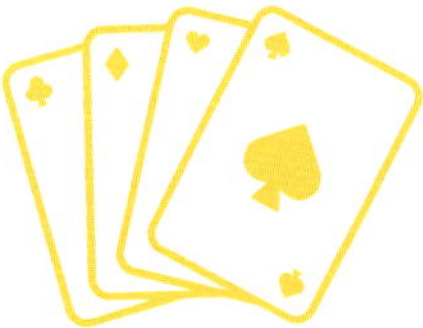

Su interés en los juegos de azar creció y comenzó a ir a **casinos** en 1958, estudiando, en particular, las **mesas de blackjack**. Se dio cuenta que podía diseñar una estrategia de **conteo de cartas para dar ventaja a un jugador**.

Thorp estudiaba matemáticas en el **Massachusetts Institute of Technology (MIT)** en esa época e **introdujo datos en el ordenador de la facultad** (un IBM 704). Se dio cuenta que el conteo de cartas era **particularmente efectivo** hacia el final de una baraja que no se revolvía después de cada ronda.

VENCE AL CROUPIER

Thorp puso a prueba su **teoría en casinos en Las Vegas, Reno y Lake Tahoe**, usando **fondos que le proporcionó el apostador profesional Manny Kimmel**. Ganaron **$11.000 en una semana**. Thorp usaba disfraces, como barbas falsas y anteojos oscuros en sus visitas a los casinos.

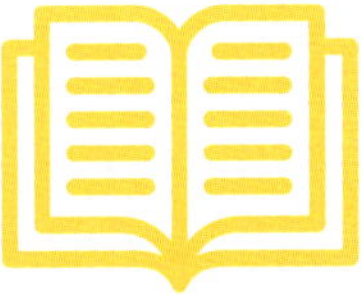

En 1966, Thorp escribió el libro de enorme éxito comercial, ***Beat the Dealer (Vence al croupier)***, en el cual explicaba su estrategia de conteo de cartas. Los casinos ahora **revuelven las cartas** antes de que se termine la baraja para **contrarrestar métodos** como este.

Durante la década de 1960, Thorp comenzó a aplicar su conocimiento en **estadística** y **probabilidad en el mercado de valores** y abrió su propio fondo de cobertura. **Su fortuna se estima en $800 millones**.

MICHAEL ATIYAH

Considerado el mejor matemático británico desde Newton, Sir Michael Francis Atiyah fue el motor detrás de desarrollos importantes en la geometría algebraica y la topología.

VIDA

Michael Francis Atiyah **nació el 22 de abril de 1929 en Londres**. Su padre era anglo libanés y su madre escocesa. Asistió a escuelas en **Khartoum**, **Sudán**, y el **Cairo** antes de volver al Reino Unido y estudiar en la escuela **Manchester Grammar**.

De 1949 a 1955, Atiyah estudió en el **Trinity College, de Cambridge**, donde obtuvo su doctorado. El título de su tesis fue **«Algunas Aplicaciones de Métodos Topológicos en la Geometría Algebraica».**

Hizo una larga carrera académica y se hizo **profesor saviliano de geometría en la Universidad de Oxford**, **maestro del Trinity College, Cambridge**, y **rector de la Universidad de Leicester**.

ESPECIALISMO

Atiyah fue un **geómetra magistral**. Realizó avances trascendentales sobre las conexiones entre la geometría algebraica y la topología, y su obra en estas áreas le significó la medalla **Fields en 1966**.

Junto con los matemáticos **Alexandre Grothendieck** y **Friedrich Hirzebruch**, desarrolló la teoría K, una rama de las matemáticas que combina el álgebra, la geometría y la teoría de números.

Trabajando con el matemático estadounidense **Isadore Singer**, Atiyah halló una relación entre las propiedades topológicas y analíticas de las soluciones a ciertas ecuaciones diferenciales. Esto se conoce como el **teorema de índice de Atiyah–Singer** y ganaron el **premio Abel 2004** por sus hallazgos. Atiyah también realizó contribuciones al análisis complejo, la teoría de gauge y la teoría de supercuerdas.

GALARDONES Y PERFIL PÚBLICO

INI

Atiyah fue el primer **director del Instituto Isaac Newton** para las Ciencias Matemáticas de Cambridge, el cual abrió sus puertas en 1992. También fue un gran promotor del interés público en las matemáticas y dio charlas populares e inspiradoras sobre el tema.

Recibió el nombramiento de **caballero en 1983** y ganó la **medalla Copley en 1988** por contribuciones a la **geometría**, la **topología** y el **análisis**. Atiyah **Murió el 11 de enero de 2019** la edad de 89 años.

PAUL ERDÖS

Erdös, un nómada académico, recorrió el mundo buscando colaboradores que le ayudaran a resolver algunos de los problemas más peliagudos de las matemáticas del siglo xx.

Erdös nace el 26 de marzo de 1915 en Budapest, que era parte en ese entonces de Austria-Hungría. Sus padres eran profesores de matemáticas

Su padre vive cautivo en un campo ruso de prisioneros de guerra entre 1914 y 1920, y su madre trabaja muchas horas, por lo que Erdös pasaba el tiempo aprendiendo matemáticas por su cuenta

Desde 1930, Erdös estudia en la Universidad de Budapest, donde obtiene un doctorado en matemáticas. Siendo estudiante, Erdös y sus amigos apoyan la teoría de Ramsey, un área de la teoría de grafos

Erdös es judío y el surgimiento del antisemitismo en Hungría le obliga a irse y tomar una beca de investigación en la Universidad de Manchester, Inglaterra en 1934. Su madre tiene que quedarse y se oculta durante el dominio nazi

En 1938, Erdös acepta un puesto de un año en el Instituto de Estudios Avanzados de Princeton, donde propone la teoría probabilística de los números

En 1939, Erdös inicia una existencia nómada de 50 años moviéndose de una universidad a otra. Esto le permite trabajar en lo que le place y con quien le place

$$$

Disfruta colaborar con otros matemáticos y jóvenes inspiradores. Erdös ofrecía premios en efectivo a quienes pudieran resolver problemas matemáticos

Tiene una fuerza digna de admiración, trabaja 20 horas al día y produce cerca de 1500 trabajos de investigación sobre matemáticas.

Erdös se centra en los números primos, la teoría de grafos (que ayudó a crear), la teoría de conjuntos, la geometría, y la teoría de números

En 1984 gana el prestigioso premio Wolf y usa la mayor parte de los $50.000 para establecer una beca en Israel

Erdös trabaja prácticamente hasta su muerte el 20 de septiembre de 1996. Pasa sus últimas horas lidiando con un complicado problema geométrico en una conferencia en Varsovia

STEPHEN WOLFRAM

Este brillante matemático y físico fue un niño prodigio que se convirtió en el cerebro detrás del innovador paquete de software Mathematica y la máquina de conocimiento Wolfram Alpha.

GENIO DESDE LA INFANCIA

Wolfram nació en Londres el 29 de agosto de 1959. Sus **padres eran refugiados judíos alemanes** que migraron al Reino Unido.

El genio de Wolfram brilló desde su infancia. Al entrar a la **adolescencia**, ya había **compilado libros sobre física de partículas** y un **diccionario de física**. Comenzó a publicar trabajos científicos a los 15 años.

Asistió al **St John's College, de Oxford**, pero las clases le parecieron «terribles», y renunció ahí para entrar al **California Institute of Technology (Caltech)**, donde obtuvo un doctorado en física de partículas a los 20 años.

En 1973, empezó a usar **experimentos informáticos** para sentar las bases del campo emergente de la investigación de los **sistemas complejos**. Así, estableció relaciones entre la informática y la naturaleza, que según Wolfram podía aplicarse a la vida artificial, la predicción del tiempo, el **comportamiento de la bolsa**, y a los orígenes del universo.

Sus **primeros trabajos** fueron sobre física de alta energía, **teoría de campos cuánticos** y **cosmología**.

En 1981, se convirtió en el **beneficiario más joven** de la beca **MacArthur en el Caltech**.

Wolfram escribió sus ideas sobre **sistemas complejos** en su libro del 2002 ***Una nueva clase de ciencia***. Alcanzó el éxito comercial.

MATHEMATICA

En 1988, Wolfram lanzó un innovador programa de ordenador llamado **Mathematica**. Este le permitía al usuario introducir ecuaciones matemáticas complejas, las cuales resolvía algebraicamente. Fue un éxito en la educación, la ingeniería y la investigación científica.

$$$

Wolfram comercializó Mathematica por medio de su compañía **Wolfram Research Inc.**, con la cual se hizo muy rico. El programa se ha actualizado muchas veces desde entonces.

?

Entre sus innovaciones más recientes está **Wolfram Alpha**, un motor de búsqueda que entrega respuestas a preguntas específicas en vez de una lista de sitios web.

GRIGORI YAKOVLEVICH PERELMAN

Este brillante pero huraño matemático demostró la conjetura de Poincaré en 2003. Rechazó la medalla Fields y el premio de $1 millón de dólares, prefiriendo quedar fuera de los reflectores.

PRIMEROS AÑOS

Grigori Yakovlevich Perelman **nació el 13 de junio de 1966 en Leningrado** (actual San Petersburgo) en la antigua Unión Soviética. Su **madre estudió matemáticas pero renunció a su trabajo de posgrado por criar a su hijo**.

Perelman destacó en las matemáticas desde muy joven e ingresó a la **escuela secundaria número 239 de Leningrado**, que se especializaba en **matemáticas** y **física**. Ganó una **medalla de oro** en la **olimpiada internacional de matemáticas** en 1982.

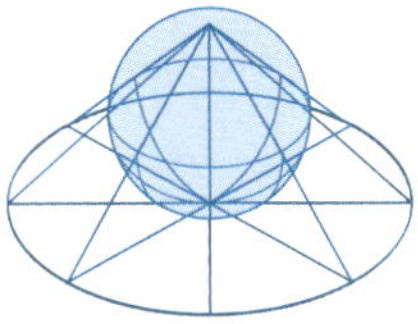

Perelman **estudió en la Universidad Estatal de Matemáticas y Mecánica de Leningrado**, donde también obtuvo su doctorado. Posteriormente, trabajó en el Instituto Steklov de Matemáticas, de la Academia de Ciencias de la URSS, antes de obtener puestos de investigación en universidades estadounidenses. Se hizo famoso por su trabajo sobre topología y geometría Riemanniana.

DEMOSTRANDO LA CONJETURA DE POINCARÉ

En el 2000, el **Clay Mathematics Institute** (CMI) ofreció premios de $1 millón a quienes pudieran resolver problemas matemáticos clave.

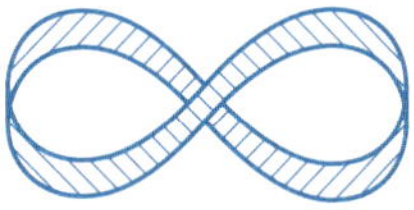

La conjetura de Poincaré estaba entre los **siete Problemas del Milenio originales del CMI**. El matemático francés **Henri Poincaré** lo propuso en 1904 y se centraba en la topología.

El matemático estadounidense **Richard Hamilton** desarrolló la técnica geométrica llamada flujo de Ricci en 1981.

En 2003, Perelman **usó el flujo de Ricci para demostrar la conjetura de Poincaré**, que se confirmó de manera independiente.

Tres años después a Perelman se le otorgó la medalla **Fields**, uno de los mayores honores en las matemáticas, pero la rechazó.

El **CMI le ofreció a Perelman el premio de $1 millón en 2010**, pero también lo rechazó. Se rumora que Perelman dejó de estudiar las matemáticas.

ALGORITMOS CUÁNTICOS

Así como los algoritmos sustentan los programas con los que los ordenadores resuelven problemas, los algoritmos cuánticos están diseñados para ejecutarse en los altamente veloces ordenadores cuánticos.

CALCULANDO CON QUBITS

Un **simple dígito binario**, un bit puede tomar el valor de 1 o 0. Sin embargo un **bit cuántico** o **qubit**, es simultáneamente una mezcla de 1 y 0, gracias a las extrañas **leyes de la física cuántica**. Y un **byte cuántico**, compuesto de **8 qubits**, puede almacenar 2^8, o 256 números de forma simultánea.

Esto significa que un **ordenador cuántico puede realizar 256 (y más) cálculos en el tiempo que le toma a un ordenador normal hacer uno**.

Ya se han construido ordenadores cuánticos rudimentarios y existe una serie de algoritmos cuánticos que correrían en estos.

ALGORITMO DE SHOR

Creado por el matemático estadounidense Peter Shor, este algoritmo supone malas noticias para los sistemas modernos de cifrado de clave pública. Estos se basan en la dificultad de factorizar números muy grandes. Sin embargo, el algoritmo de Shor puede usar un ordenador cuántico para factorizar en un tiempo polinomial. Las buenas noticias son que los sistemas cuánticos traen consigo su propio esquema inexpugnable de cifrado.

ALGORITMO DE GROVER

Como si fuera Google con 15 cafés espressos encima, el algoritmo de Grover, desarrollado en 1996 por el científico indio-estadounidense **Lov K. Grover**, hace búsquedas a la velocidad del rayo a través de datos no estructurados. Mientras que **el tiempo que le toma a un algoritmo ordinario de búsqueda** escala en proporción al número de elementos que ha de buscar, **N, el algoritmo de Grover** escala solamente **$\sqrt{N}$.** Entonces, si incrementas el tamaño de tus datos en un factor de 100, un algoritmo ordinario tardará 100 veces más en realizar una búsqueda, mientras que el algoritmo de Grover tarda solo 10 veces más.

SIMULACIÓN CUÁNTICA

Las simulaciones del **comportamiento de los sistemas mecánicos cuánticos**, la clase de simulaciones que los físicos realizarían para desarrollar sus teorías del mundo subatómico, corren mucho más eficientemente en máquinas intrínsecamente cuánticas. El físico **Richard Feynman** sugirió por primera vez la idea en 1982 y ahora es área activa de la investigación en informática cuántica.

ANDREW WILES

En 1995, 350 años después del planteamiento del Último Teorema de Fermat, el matemático británico Andrew Wiles lo demostró, logrando lo que muchos otros no habían podido hacer antes.

PRIMEROS AÑOS

Camino a casa de la escuela en Cambridge en 1963, un **chico de 10 años se detuvo en su biblioteca local**. Encontró un libro sobre el Último Teorema de Fermat y quedó **fascinado por esta conjetura sin demostrar**.

Ese chico era Andrew Wiles, quien **haría historia** demostrando el teorema treinta años después.

¿QUÉ ES EL ÚLTIMO TEOREMA DE FERMAT?

En 1637, Pierre de Fermat afrmó que no existen 3 enteros positivos ***a*, *b*, y *c* que satisfagan la ecuación $a^n + b^n = c^n$, donde *n* es un entero mayor a 2**.

DEMOSTRACIÓN DEL ÚLTIMO TEOREMA DE FERMAT

Wiles ha pasado una vida entera estudiando matemáticas. Obtuvo una licenciatura en ciencias por el **Merton College, de Oxford**, en 1974, y un doctorado por el Clare College, de Cambridge. En 1982, recibió el nombramiento de **profesor de matemáticas en la Universidad de Princeton**.

Durante su vida adulta, Wiles revivió su sueño de la infancia de demostrar el Último Teorema de Fermat. **Usó muchas técnicas matemáticas**, incluyendo **geometría algebraica** y **teoría de números**, e investigó el teorema durante siete años.

Presentó sus **129 páginas de demostraciones matemáticas** en 1993; sin embargo, **contenían un error**. Wiles rectificó y publicó sus hallazgos entre elogios mundiales en 1995. Finalmente, tras más de 350 años, se había demostrado el Último **Teorema de Fermat**.

RECONOCIMIENTO Y GALARDONES

Wiles recibió muchísimos premios prestigiosos, incluyendo la medalla Copley y el premio Abel de £500.000. En el 2000 se convirtió en **Sir Andrew Wiles**.

El departamento de matemáticas de la Universidad de Oxford se encuentra dentro del edificio **Andrew Wiles**, y en 2016 a Wiles lo nombraron **primer profesor Regius de matemáticas**.

ANÁLISIS ESTADÍSTICO DEPORTIVO

Tal como los primeros matemáticos mejoraban sus ingresos jugando a las cartas o los dados, sus homólogos modernos han construido modelos matemáticos deportivos buscando sacar ventaja en las apuestas.

CARRERAS DE CABALLOS

Las **carreras de caballos** son quizá el deporte más antiguo para realizar apuestas, y es aún uno de los más populares para esto. En los ochenta, un físico de Pittsburgh sin estudios completos, llamado **Bill Benter** armó un **sofisticado modelo informático de este deporte**. **Reunía las estadísticas de las actuaciones pasadas de los caballos** y daba la **probabilidad de que un jinete determinado ganara**. Esto le permitió verificar lo que jugaban los corredores de apuestas e identificar **apuestas valiosas**. Benter comenzó a usar su modelo en el **hipódromo de Hong Kong**, y a la fecha, su fortuna se calcula en unos mil millones de dólares gracias a esto.

BÉISBOL

El análisis de las estadísticas del béisbol ha sido bautizado como **sabermetrics**, en referencia a la **Sociedad para la Investigación del Béisbol Estadounidense (SABR)**. Para 1970, los aficionados escribían simulaciones de ordenador para implementar sus modelos estadísticos. Tal vez el ejemplo más famoso, **Billy Beane**, quien era gestor general de los **Oakland Athletics** en los noventa, usó una forma de sabermetrics para comprar jugadores que estuvieran subvaluados dado su registro estadístico. Su historia se cuenta en el libro ***Moneyball*** de 2003 y en la película derivada de este.

FÚTBOL

Se ha intentado **analizar el fútbol**, tratando los goles como un «proceso de Poisson», el cual modela la ocurrencia de eventos aleatorios como llamadas a un centro de servicio al cliente. En 1996, los estadísticos **Mark Dixon** y **Stuart Coles** crearon un modelo para calcular valoraciones para los equipos a partir de resultados pasados. Junto con factores como la ventaja por jugar de local, esto les permitió calcular las probabilidades de que cualquiera de los dos equipos ganara o que el partido terminara en empate. Las enormes cantidades que se apuestan al fútbol a nivel mundial (miles de millones de dólares cada año) significan que aun una ventaja pequeña puede representar enormes beneficios.

MARYAM MIRZAKHANI

Mirzakhani, la primera mujer en ganar la medalla Fields en matemáticas, usó geometría algebraica avanzada para comprender la estructura y complejidad de los espacios curvos.

PRIMEROS AÑOS

Maryam Mirzakhani **nació en Teherán, Irán, el 12 de mayo de 1977**. Creció durante la guerra entre Irán e Irak.

En 1994, Mirzakhani se convirtió en la **primera mujer iraní** en ganar una medalla de oro en la olimpiada internacional de matemáticas.

Estudió matemáticas en la Universidad Sharif de Tecnología y obtuvo un **doctorado por la Universidad de Harvard** en 2004. El inglés no es su lengua materna por lo que tomó notas de clase en persa.

TRABAJO ACADÉMICO

Después de trabajar en el **Clay Mathematics Institute** y **Princeton**, Mirzakhani se hizo profesora de la **Universidad de Stanford**, en California, en 2009.

Estaba fascinada por los **espacios de módulo de las superficies de Riemann** y realizó contribuciones a la comprensión de las complejidades **geométricas** y **dinámicas** de las superficies curvas con bucles sencillos (bucles que no se intersecan entre sí).

En su **tesis doctoral**, Mirzakhani **resolvió un problema altamente complejo** con relación al número de bucles sencillos (líneas con los extremos unidos) de una cierta **longitud en una superficie hiperbólica**. Esto condujo a nuevas pruebas de la **conjetura de Witten**, un teorema de la **geometría algebraica** que tiene aplicaciones en la **teoría de cuerdas**.

HEROÍNA MATEMÁTICA

En 2014, Mirzakhani se convirtió en la primera mujer en recibir la medalla Fields, e**l más grande honor matemático en el mundo**. Esto fue por sus «extraordinarias contribuciones a la dinámica y geometría de las superficies de Riemann y sus espacios de módulo».

Mirzakhani **trabajaba en un problema** garabateando hojas grandes de papel y **bosquejando fórmulas** entre sus dibujos. Su hija describió el trabajo de su madre como «**pintar**».

Trágicamente, a Mirzakhani le diagnosticaron **cáncer de mama** en 2013. La enfermedad se esparció y **falleció el 14 de julio de 2017**, a los cuarenta años. Recibió múltiples homenajes de matemáticos de todo el mundo, así como del presidente de Irán, **Hassan Rouhani**.

TERENCE TAO

Prodigio desde niño, con un elevadísimo IQ, Terence Tao asistió la universidad desde los nueve años. Sus innovadoras teorías le colocan como uno de los matemáticos vivos más importantes del mundo.

EL TAO DE LAS MATEMÁTICAS

Terence Tao **Nació en Adelaida, Australia el 17 de julio de 1975**. A los dos años era capaz de enseñarles a otros niños a leer y contar.

Su genio era evidente en la escuela primaria y **a los nueve años**, Tao **comenzó a estudiar matemáticas a tiempo parcial en la Universidad de Flinders**, en Adelaida.

A los 10 años, se convirtió en la **persona más joven en competir en la olimpiada internacional de matemáticas**. Entre 1986 y 1989 ganó medallas de bronce plata y oro.

Se **graduó a los 16 años**, obteniendo su **maestría al siguiente año**, y luego obtuvo un **doctorado por la Universidad de Princeton** a los 20 años.

A Tao le **ofrecieron un puesto lucrativo en un fondo de cobertura** pero prefirió permanecer en la academia. Es **profesor de matemáticas en la Universidad de California**, **Los Ángeles (UCLA)**.

En 2004, Tao se hizo famoso después de su colaboración con el matemático inglés **Ben Green**, demostrando que existen progresiones aritméticas arbitrariamente largas de los números primos. Esto se conoce como el teorema **Green–Tao**.

En 2006, Tao recibió la prestigiosa **medalla Fields** por sus contribuciones a las **ecuaciones diferenciales parciales**, **el análisis armónico** y **la teoría aditiva de números**. Este premio se entrega a **matemáticos muy talentosos de menos de 40 años**.

Tao ha recibido **varias becas** y **galardones**, como la **medalla Real de la Sociedad Real del Reino Unido**, que ganó en 2014 por sus «diversas y profundas contribuciones a las matemáticas».

Tao es un **autor prolífico** que ha **publicado más de 300 trabajos de investigación y 17 libros**.

Su **esposa Laura, es ingeniera en el laboratorio de propulsión a chorro de la NASA**. Viven con sus 2 hijos en California.

KAREN UHLENBECK

Uhlenbeck, la primera mujer en ganar el prestigioso premio Abel, ha realizado avances en nuevas áreas de las matemáticas, en particular en la geometría, y es una inspiración para las estudiantes de todo el mundo.

VIDA

Karen Uhlenbeck (**apellido de soltera Kesulla**), **nació el 24 de agosto de 1942 en Cleveland**, Ohio. Se graduó de la Universidad de Michigan y obtuvo un doctorado por la Universidad de Brandeis, Massachussetts, en «El cálculo de las variaciones y el análisis global».

Al inicio de los ochenta, Uhlenbeck promovió la disciplina matemática del **análisis geométrico**, la cual es el estudio de las formas usando **ecuaciones diferenciales** parciales.

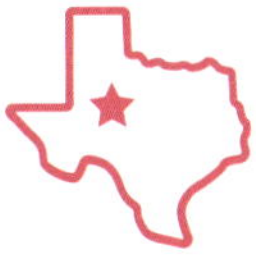

Uhlenbeck ha trabajado en varias prestigiosas universidades estadounidenses durante muchos años y es ahora **profesora emérita de matemáticas en la Universidad de Texas, en Austin**. También es investigadora asesora en Princeton.

LA CIENCIA DEL JABÓN

Uno de los descubrimientos más emocionantes y relevantes de Uhlenbeck se centró en las **burbujas de jabón**. **La tensión superficial** da a las brujas la forma con el área superficial **más pequeña posible**, la cual, normalmente **es una esfera**.

Uhlenbeck estudió los efectos de **introducir otras formas en el jabón** para ver cómo reaccionaban las burbujas. Halló que formaban una **red de planos que se tocan a ciertos ángulos**. Al añadir formas curvas de dimensiones superiores se **creaba una complejidad aun mayor**.

Sus hallazgos han ayudado los **físicos teóricos** del desarrollo herramientas para comprender el comportamiento de los campos electromagnéticos y las partículas cuánticas.

DESHACIENDO BARRERAS

Uhlenbeck recibió en 2019 el **premio Abel**, que es uno de los **honores más altos en matemáticas**, por «sus logros trascendentales en **ecuaciones diferenciales parciales geométricas**, teoría de gauge y **sistemas integrables**; y por el fundamental impacto de su trabajo en el análisis, la geometría y la física matemática».

INSPIRANDO MUJERES

Como la primera mujer ganadora del premio Abel, Uhlenbeck co-fundó el **programa Mujeres y Matemáticas, del Instituto de Estudios Avanzados de Princeton**, con la misión de atraer y retener a más mujeres en las matemáticas.

CIENCIA DE DATOS

La ciencia de datos es un campo casi nuevo que abarca las matemáticas, la estadística y la informática. Está motivado por la práctica y prioriza la predicción mediante los medios más efectivos existentes.

MODELACIÓN PREDICTIVA

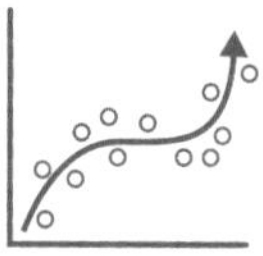

Tradicionalmente en el dominio de la **estadística**, usando métodos como el **análisis de regresión**, los rápidos incrementos en la potencia de los ordenadores han derivado en **técnicas más sofisticadas**, como las **redes neuronales**, las cuales podrían describirse mejor como aprendizaje automatizado que como estadística.

APRENDIZAJE AUTOMATIZADO SIN SUPERVISIÓN

El aprendizaje automatizado es **supervisado**, lo que significa que se entrena el **algoritmo para predecir una característica particular con base en las variables de entrada**.

Pero tal vez es más interesante el **aprendizaje sin supervisión**, donde se suelta un algoritmo en un conjunto de datos sin instrucciones prescritas más que «**dime algo interesante de estos datos**».

Algunos ejemplos de aprendizaje sin supervisión son **algoritmos de agrupación**, que reúnen **datos en grupos**, y algunas variedades de **redes neuronales**.

INFORMÁTICA ESTADÍSTICA

El término **big data** ya se ha hecho **común**. De hecho, **muchos conjuntos de datos estadísticos** que se usan actualmente tienen un tamaño de miles de millones de filas. Y manejarlas significa que quienes hacen el análisis deben dominar algunos recursos informáticos de uso pesado. Estos incluyen:

Bases de datos: Estas se usan para un almacenamiento y acceso eficiente de los datos. Entre los sistemas comunes se encuentran **Oracle**, **Postgres**, y **MySQL**.

Software de análisis de datos: paquetes como **R** y **Python** brindan implementaciones a la medida, de técnicas comunes de estadística y aprendizaje automatizado.

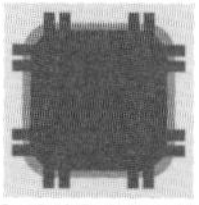

Potencia de procesamiento: las habilidades en informática en la nube y **procesamiento paralelo** ayudan a aprovechar la **potencia informática** pura necesaria para **desmenuzar volúmenes masivos de datos**.

VISUALIZACIÓN DE DATOS

A medida que los algoritmos para analizar datos se hacen cada vez más **confusos**, cobra **más importancia el subcampo de la visualización de datos**, el cual usa líneas y gráficos estadísticos. Esto ayuda a los **investigadores** a explorar datos y también ayuda a comunicar hallazgos en la ciencia de datos al público general.

CONJETURA DE GOLDBACH

Es uno de los problemas matemáticos sin resolver más antiguos, mejor conocidos y tal vez más sencillos de postular. La conjetura de Goldbach es un teorema que tiene que ver con los números primos.

¿QUÉ ES?

El **matemático alemán Christian Goldbach postuló la conjetura de Goldbach en 1742**, en una carta a su colega **Leonard Euler**. Esta decía: «**Cada entero para mayor a dos puede expresarse como la suma de dos números primos**».

Los números de Goldbach comúnmente se representan en un **diagrama triangular** en el cual los enteros pares bajan por el centro y sus componentes primos bajan por las orillas.

Así, por ejemplo, los primeros enteros pares mayores a 2, expresados como sumas de primos son, 4 = 2 + 2, 6 = 3 + 3 y 8 = 5 + 3.

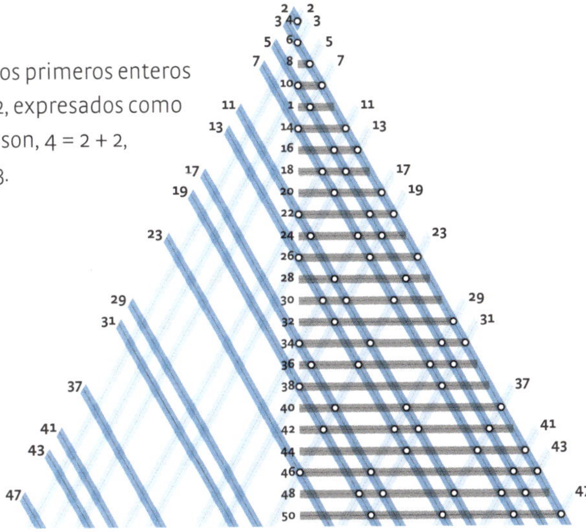

18 de marzo de 1690 Nace Christian Goldbach en la ciudad prusiana de Königsberg

1710 Después de estudiar en la Universidad Real Albertus de Königsberg, pasa 14 años viajando por Europa

1725 Se arraiga en San Petersburgo y es profesor de matemáticas en la Academia de Ciencias

Junio de 1742 Propone su conjetura, junto con un número de variantes de la misma, en una carta al matemático suizo Leonhard Euler

20 de noviembre de 1764 Muere en Moscú

SOLUCIÓN EN ORDENADOR

Aunque no se ha dado **ninguna demostración matemática formal** de la conjetura de Goldbach, **Tomás Oliveira e Silva**, de la Universidad de Aveiro, Portugal, ha organizado un proyecto informático distribuido para **verificar los enteros numéricamente**. El proyecto ha verificado la conjetura para todos los enteros pares hasta $\mathbf{4 \times 10^{18}}$, o sea, 4 trillones.

GLOSARIO

Análisis: Estudio de las funciones matemáticas. Abarca hallar los mínimos, máximos y ceros, y estudiar la forma en que se comporta con valores extremos como entradas.

Aprendizaje automatizado: rama de la ciencia de datos que emplea algoritmos de ordenador para buscar patrones en conjuntos de datos. Se usa en todo, desde la predicción de la bolsa de valores hasta los servicios de recomendación de música.

Área: el área es el tamaño de una superficie en 2-D. Podría ser una forma plana como un cuadrado, o la cara exterior de un sólido en 3-D como un cubo.

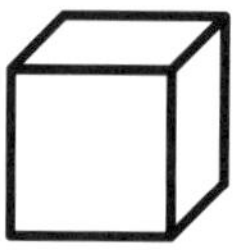

Aritmética: las operaciones básicas para combinar números se conocen colectivamente como aritmética. Estas son suma, resta, multiplicación y división.

Atractor: en mecánica es el comportamiento a largo plazo en el que un sistema dinámico converge para una amplia variedad de condiciones iniciales. Los sistemas caóticos tienen atractores fractales.

Cálculo de Itô: método que aplica las leyes del cálculo al análisis de los paseos aleatorios. Se usa para estudiar el comportamiento de los procesos estocásticos, como los movimientos del mercado de valores.

Cifrado: en criptografía, el cifrado es un sistema de codificación que reemplaza letras en un mensaje, de acuerdo con un conjunto de reglas secretas, con el fin de hacerlo ilegible para un tercero.

Crisis de replicabilidad: aparente incapacidad de reproducir muchos resultados en las ciencias sociales. Se cree que se debe a análisis estadísticos erróneos en los estudios originales.

Denominador: en una fracción sencilla que se escribe como x/y, el número y se conoce como el denominador. Este da la denominación de la fracción, por ejemplo, cuartos ($x/4$) o tercios ($x/3$).

Desviación estándar: incertidumbre de una variable aleatoria se da mediante su desviación estándar, la cual se calcula sumando la distancia al cuadrado de cada valor desde la media, ponderada por la probabilidad de que ocurra dicho valor.

Diferenciación: una de las dos ramas principales del cálculo; tiene que ver con hallar el gradiente, o la tasa de cambio de una función matemática con respecto a sus entradas. Se usa ampliamente en la física.

Distribución exponencial: distribución continua de probabilidad para una variable aleatoria x, que toma la forma $p(x)=\lambda e^{-\lambda x}$, donde λ es un parámetro libre.

Distribución de Poisson: es una distribución discreta de probabilidad para modelar la llegada de eventos aleatorios que ocurren a un ritmo constante. La probabilidad de ver k eventos es $p(k) = \frac{\lambda^k e^{-\lambda}}{k!}$, donde λ es la media esperada.

Ecuaciones cuadráticas: se conocen como ecuaciones cuadráticas las que contienen un término al cuadrado en la incógnita, x. Toman la forma general $ax^2 + bx + c = 0$. Pueden resolverse ya sea por factorización o por fórmula.

Ecuaciones **simultáneas: :** un grupo de n ecuaciones en n incógnitas se conoce como ecuaciones simultáneas. Pueden reordenarse para deducir el valor de cada incógnita.

Electromagnetismo: la teoría unificada de los campos eléctricos y magnéticos. La formuló el físico James Clerk Maxwell en 1873.

Elipse: una curva cerrada dada por la ecuación $\frac{x^2}{a^2}\ \frac{y^2}{b^2} = 1$ donde a es el semieje mayor y b es el semieje menor. El caso especial $a = b$ corresponde a un círculo.

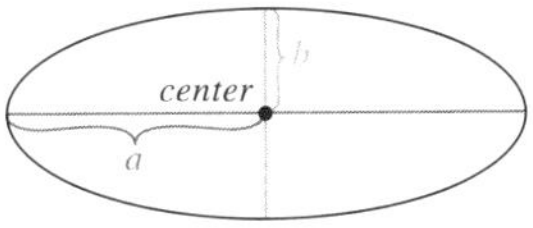

Entero: número con un componente imaginario cero. Los enteros se rigen por la rama de las matemáticas puras conocida como teoría de números.

Entropía de la información: una medida de la incertidumbre asociada a un evento aleatorio. Si la probabilidad del evento es p, entonces la entropía es $-p \log p$

Estadística bayesiana: cuando las probabilidades reflejan nuestra ignorancia sobre algo, como el tiempo que hará mañana, nos dice cómo debemos actualizar nuestras creencias con base en la evidencia disponible.

Estadística frecuentista: describe ensayos repetidos de un proceso intrínsecamente aleatorio donde la probabilidad de cada resultado posible está bien establecida, como lanzar una moneda o arrojar dados.

Geodésica: en la geometría de los espacios curvos, una geodésica es el camino más corto entre dos puntos. En el espacio plano, es una recta. En una esfera, es un «gran círculo», como las líneas de longitud de la Tierra.

Factorial: el factorial de un entero, n, se usa en combinatoria y teoría de las probabilidades. Se denota como $n!$, y se calcula como $n \times (n-1) \times (n-2) \ldots 1$. Por ejemplo, $3! = 6$ y $5! = 120$.

Gradiente: se llama gradiente a la tasa de cambio de una función matemática con respecto a sus variables de entrada. Por ejemplo, si $y = 2x$, entonces el gradiente es 2; por cada incremento en x, y se incrementa el doble.

Hipérbola: una hipérbola es la forma que se crea cortando una sección vertical de un cono erguido. En el caso más sencillo, se representa con la ecuación $y = 1/x$.

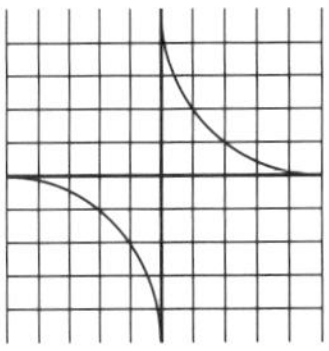

Hipotenusa: lado más largo de un triángulo rectángulo. El teorema de Pitágoras da su longitud como la raíz cuadrada de la suma de los cuadrados de los otros dos lados.

Identidad de Euler: considerada la ecuación más bella de las matemáticas, se relaciona con el cálculo, la geometría y la teoría de números en la expresión $e^{i\pi} + 1 = 0$.

Integración: subrama del cálculo que equivale al inverso de la diferenciación. Mientras que la diferenciación calcula el gradiente de una curva, la integración da el área formada bajo la curva.

Máxima verosimilitud: método para ajustar un modelo estadístico a un conjunto de datos, eligiendo valores de parámetros que maximicen la probabilidad de que el modelo produzca los datos observados.

Mecánica clásica: matemática aplicada a las leyes de la física clásica (antes de la introducción de la teoría cuántica y de la relatividad).

Medalla Fields: otorgada cada cuatro años a entre dos y cuatro matemáticos menores de 40 años, se considera el equivalente matemático del premio Nobel.

Media: la media de una variable aleatoria es la suma de todos los valores posibles que puede tomar, ponderados por la probabilidad de que ocurra cada valor.

Mínimos cuadrados: técnica para ajustar modelos estadísticos a datos, afinando el modelo de tal forma que minimice las diferencias del cuadrado de la suma entre los valores pronosticados del modelo y los datos.

Método simplex: es un algoritmo de optimización que funciona recorriendo todas las posibles soluciones a un problema para hallar la mejor alternativa.

Numerador: en una fracción sencilla que se escribe como x/y, el número x se conoce como el numerador. Por ejemplo, *tres*-cuartos (3/4), o *dos*-tercios (2/3).

Números binarios: el sistema binario, o aritmética de base 2, es un sistema centrado en torno a los dígitos 1 y 0. Se usa en informática, donde el 1 y el 0 pueden codificarse como el estado de encendido y apagado de un interruptor.

Número complejo: aquel que tiene tanto un componente real como uno imaginario, siendo este último múltiplo de $i(=\sqrt{-1})$.

Problemas del Milenio: un conjunto de problemas matemáticos aún por resolver, establecidos por el Clay Mathematics Institute en el año 2000. Hay un premio de $1 millón para quien resuelva cualquiera de ellos.

Números decimales: los números decimales o de base 10, forman un sistema que usa los dígitos del 0 al 9. Son el sistema al que estamos más acostumbrados.

Números sexagesimales: el sistema sexagesimal o de base 60, es un sistema numérico usado por los antiguos babilónicos. Todavía lo usamos en la actualidad para medir el tiempo, por ejemplo los segundos en un minuto o los minutos en una hora.

Parábola: una parábola es un tipo de sección cónica. Por lo general, la rigen las ecuaciones de la forma $y = ax^2$, donde a es una constante. Los proyectiles disparados al aire siguen aproximadamente una trayectoria parabólica.

Probabilidad posterior: usada en la estadística bayesiana, es la suma óptima de nuestras creencias previas sobre una cantidad desconocida con nueva evidencia.

Probabilidad previa: en la estadística bayesiana, condensa nuestro conocimiento sobre una cantidad desconocida *antes* de tomar en cuenta nueva evidencia.

Proporcionalidad: si una cantidad, y, crece en proporción a otra cantidad, x (por ejemplo $y = 2x$), entonces se dice que y es *proporcional* a x. Los matemáticos denotan esto como $y \propto x$.

Red neuronal profunda: una red neuronal es un algoritmo de aprendizaje automatizado que simula las capas de neuronas del cerebro humano. Una red neuronal *profunda* consta de muchas de estas capas

Teoría cuántica: es la rama de la física que estudia las partículas subatómicas y las fuerzas entre ellas. La teoría cuántica nació al final del siglo XIX.

Qubit: la unidad difusa de información que se usa en la teoría cuántica de la informática.

Raíz: se llama sacar la n-ésima raíz, a lo inverso de elevar un número a la n-ésima potencia. En notación matemática, la n-ésima raíz de x puede escribirse como $x^{1/n}$ o $\sqrt[n]{x}$.

Relatividad: el comportamiento de los objetos que viajan a una velocidad cercana a la de la luz difiere considerablemente de las predicciones de la mecánica clásica. La teoría de la relatividad de Einstein se debe usar en estos casos.

Seno: es la función trigonométrica más sencilla. El seno de un ángulo de un triángulo rectángulo se obtiene al dividir la longitud del lado opuesto a dicho ángulo entre la longitud de la hipotenusa.

Volumen: el tamaño de un objeto en 3D se mide mediante su volumen. Por ejemplo, un cuboide tiene un volumen igual a su longitud, multiplicada por su altura, multiplicada por su profundidad.

RECURSOS ADICIONALES

Alex Bellos, *Alex's Adventures in Numberland: Dispatches from the Wonderful World of Mathematics*

Tony Crilly, *50 Maths Ideas You Really Need to Know*

Keith Devlin, *The Millennium Problems: The Seven Greatest Unsolved Mathematical Puzzles of Our Time*

Richard Elwes, *Maths 1001: Absolutely Everything That Matters in Mathematics in 1001 Bite-Sized Explanations*

Richard Elwes, *Maths in 100 Key Breakthroughs*

Hannah Fry, *Hello World: How to be Human in the Age of Algorithms*

Martin Gardner, *The Colossal Book of Mathematics: Classic Puzzles, Paradoxes, and Problems*

Robert Kanigel, *The Man who Knew Infinity: A Life of the Genius Ramanujan*

Jim Al Khalili, *The House of Wisdom: How Arabic Science Saved Ancient Knowledge and Gave Us the Renaissance*

Robert Matthews, *Chancing It: The Laws of Chance and What They Mean for You*

Matt Parker, *Humble Pi: A Comedy of Maths Errors*

Simon Singh, *Fermat's Last Theorem: The Epic Quest to Solve the World's Greatest Mathematical Problem*

Simon Singh, *The Simpsons and Their Mathematical Secrets*

Ian Stewart, *Does God Play Dice? The New Mathematics of Chaos*

Ian Stewart, *Professor Stewart's Cabinet of Mathematical Curiosities*

Y
Z
X